献给每一位深爱着建筑学的人

序

本书是宋晓宇先生和我思维碰撞、大开脑洞的一次尝试，是我们对建筑行业未来发展方向的认知，也是我们对未来建筑学理论革新的思索探究。宋晓宇先生具有十多年的高校教师、建筑师、创业者多重角色的经验，凭借对行业前瞻性的洞察和对建筑学科敏锐的视角，目前正以“光辉城市”公司CEO企业家的角色努力尝试改变国内建筑行业与建筑学科的现状。宋晓宇先生正在夜以继日地践行着“科技创造推动行业发展”的使命，令人十分敬佩。我是一名高校教师、注册城乡规划师、建筑学博士生，在创作过程中，我们思索建筑学存在着如何解决、如何更好地运用科技的手段服务于建筑行业与建筑学教育的问题。本书从虚拟现实（简称VR）技术的视角出发，阐述了一系列的“主创性”观点，对于建筑行业与建筑学未来的发展，我认为 VR 能改变人对空间的认知，认知水平因而迭代升级。VR 帮助建筑设计回归创意，建筑师们不再受建筑表达与信息传递的限制，方案汇报与沟通不再受到地域阻隔的限制，在 VR 中创造将成为满足新时代人们对更优质建筑空间环境需求的必要手段。VR 让建筑学不再受到空间认知的限制，期望用科技的手段为建筑学插上飞翔的翅膀，帮助建筑学子能在 VR 空间中自由体验与创造。

建筑设计空间认知发展历经了从语言和文字、二维图纸到三维模型等过程，建筑空间认知理论也随着时代变迁与科技进步而逐渐更替。比尔·希利尔曾提出“空间感知”属于人们认知环境的最初过程，它发生在活动过程中，是人对环境做出的直接反应。空间认知属于更高级的反应行为，它是对外界信息的获取、组织和解决问题的过程。建筑设计空间认知能力是建筑学基础教学的主要目标，常采用“包豪斯的三大构成（平面、立体和色彩）”等方式进行抽象性思维训练，学生需要经过大量的空间训练习得空间认知能力。而一名刚从业的建筑师通常需要在大量实践项目里不断试错的过程中积累空间设计经验，形成从空间认知理论到项目实践经验的反馈闭环从而不断提升，此过程常历经数年。其原因是传统的二维、三维的空间认知无法为建筑师提供真实体验的空间感知，建筑师以非第一人称视角设计，难以把控空间尺度与建筑细部等要素。且建筑设计图纸具有较强的专业性，从二维到三维空间的转换也是设计师与用户或甲方时常存在的沟通障碍，传统建筑设计空间认知理论亟待革新。

VR 技术是促进人们对建筑空间认知的新手段，将建筑学的抽象性在 VR 世界中具象化，它能将施工进程在 VR 世界中模拟一遍，以可视化的方式展现出来，供施工团队体验。将静态的二维图解在 VR 环境中进行动态的人机交互，可以说 VR 是建筑学空间认知的一场革命，让建筑空间认知更加形象、直观、生动。VR 技术将为建筑学带来新的创作表达工具，依托 VR 技术的特征建立空间认知理论体系，提出 VR 建筑创作思维方法及范式。提出 VR 外部空间认知理论的设计要素，并从视觉和听觉空间感知体验 VR 建筑空间，通过多 VR 空间中的行为模拟辅助判断与决策。

本书的章节概览

本书展现了 VR 技术的发展对建筑学理论更新产生的影响，由此带来了“空间认知”的迭代，建筑行业及相关领域乃至建筑学教育也相应发生着变化。

第 1 章　建筑学科空间认知的理论发展对可视化与交互性有着不同程度的需求，VR 具有的特性恰巧是建筑学空间认知的实现手段，本章以科学发展的视角审视 VR 对于建筑学的影响。

第 2 章　由 VR 本体引发的对真实与虚拟世界的思考，设想虚拟空间界面的 VR 平行世界有三个不同的层次，分别具有不同的可见性与物理特性。在这样的 VR 平行世界里有着独有的运行逻辑，科技带来的变革将在未来的生活与工作方式中“悄悄”来临。

第 3 章　由本章开始展开致建筑师的四项备忘，从创作、体验、设计、表达几方面阐述。致建筑师的 VR 备忘一：探讨了建筑创作思维方式的问题与特性，回归建筑理论发展的历史，梳理创作表达工具与创作过程模式的范式转换，讨论了在 VR 空间中创作的三种思维方法。

第 4 章　致建筑师的 VR 备忘二：分析在建筑空间中采用“经验”判

断可能存在不准确、耗时长等问题。而基于 VR 技术的建筑空间“体验”认知具有人本视角、沉浸体验与人际交互的特征，为建筑空间判断从经验向体验转化提供了技术条件。简述了 VR 辅助设计决策的真实案例，抛砖引玉地让建筑师获得更多的运用 VR 技术的灵感。本章记录了对上海都设营造建筑设计事务所有限公司的总建筑师凌克戈针对“建筑设计与未来”的访谈实录。

第 5 章　致建筑师的 VR 备忘三：基于对建筑空间的体验认知，从设计的非第一人称视角即“局外人”视角出发进行探讨，提出在 VR 技术应用的条件下，建筑师可以不再做设计方案的“局外人”，在 VR 空间中进行设计。由此列举了部分设计要素，介绍了外部空间认知的特点。并依托 VR 视觉与听觉感官、VR 空间行为体验分析为建筑师提供新的设计方式与手段。

第 6 章　致建筑师的 VR 备忘四：VR 技术带来体验认知优势的同时，依托 Mars 平台为建筑设计表达与汇报提升了信息传递的效率。真实感、高效快捷、丰富多样成为“Mars+VR”的特征体现，基于 VR 的方案汇报是多维的、可交互的交流方式。本章以真实的设计案例探讨了使用“Mars+VR”后对设计过程的正向促进。并记录了对上海日清建筑设计有限公司的副总建筑师任治国的采访实录。

第 7 章　简述了 VR 技术的相关政策支持与发展趋势，介绍了 VR 在建筑相关领域的应用现状与前景，例如在城市规划、室内设计、园林景观、建筑结构设备、施工管理、历史文化遗产与古建保护等方面。介绍了在乡村振兴设计与建设过程中运用 VR 与 Mars 的实际案例。记录了对某设计院船舶内装研究中心建筑室副主任卢寅的采访实录。

第 8 章　本章介绍了建筑学教育结合 VR 技术的探讨与实践，设想设立“VR 虚拟建筑学”专业，采用创新的教学方式、新的思维方式开展建筑学教育，以经典建筑虚拟赏析、游学参与调研测绘、校企合作联动教学等模式植入“VR 虚拟建筑学”的教学计划中。介绍了“光辉城市”公司团队对于课程设计的教学框架、任务书等设想。最后梳理了宋晓宇先生在近几年来做过的 VR 与建筑学结合的教学实践的尝试过程，同时书中展示了部分学生的设计成果。

颜勤

2019 年 4 月于重庆

前言

因为热爱建筑学，因为确实爱折腾，一直希望能够用自己所学为建筑行业带来那么一点儿“真正”的改变，所以我用三维（3D）交互的方式为建筑师、甲方、用户和大众提供认知建筑空间的工具——Mars。我认为 VR 沉浸式体验的空间感知与认知的迭代是建筑师从经验判断转向体验判断的实现路径，为建筑师对于实用、美观等要素的把控提供了更为有效的体验感知手段，从而在空间的各种冲突中寻求一种平衡。VR 帮助建筑设计最终回归到满足人的需求并以此作为出发点，同时降低了建筑空间认知的门槛，使建筑项目的各种信息在建筑师与用户沟通交流的过程中被无损地传达。

我认为 VR 沉浸式体验对于建筑学的意义是革命性与颠覆性的，它将一改传统的空间认知方式，让每位主体都能够置身其中，去感受、体验、认知 VR 世界中的建筑空间，并在其中进行推敲、修改、创作、表达、交流与沟通。VR 的技术革新是前所未有的，它将带领我们走向未来的 VR 建筑创作模式，由此推进建筑学科理论与设计方法的迭代更新，为创造更好的空间、设计更优质的建筑奠定基础。希望通过工具的迭代能将建筑学教学的年限缩短，用更短的时间培养更加优秀的人才，这也是我立足企业、着眼教育的一个长期目标。“光辉城市”试图与高校合作设立“VR 虚拟建筑学”专业，为新一轮建设三维交互时代的基础设施培养后备人才力量。

“光辉城市”的价值观里面有一个是“创造变化”，我们现在做的，是要对未来有预判，我们要努力去推动变革，所以我们就是变化的缔造者，所以有了“创造变化”。

改变世界、改变行业，先从改变自己开始吧！

我在努力尝试改变自己，那么你呢？

自 Mars 于 2017 年正式发布以来，截止到 2019 年 3 月 18 日，在 24 个月里 Mars 经历了 96 次产品迭代，包含模型 4546 个，材质 2443 种，植物 1215 棵（其中有 1143 棵带有信息）。Mars 一直秉承“用户思维”，市场和研发团队深入研究了设计师的“工作场景”和“工作方式”，长期与设计师们深度沟通，从日常工作协助，到大型投标项目汇报辅助，不断深入使用场景，吸纳改进意见，以“一线”设计师的思维方式去持续打磨产品，真正在做一款“设计师思维”的工具。Mars 一经问世便得到了很好的市场认可度。

马云曾说过，一个人看待世界的眼光，决定了他是不是会成功或快乐，绝大多数人是因为看见而相信，只有很少一部分人，是因为相信而看见。我看见了并且确信梦想一定会实现，每一次科技的进步都是一次人体的延伸增强，VR 是梦境的延伸，Mars 是“白日梦”的实现。VR 世界将改变生活，服务于建筑设计与建筑学教育，我们将“创造 VR 空间体验，体验 VR 空间创造”。

宋晓宇

2019 年 4 月于重庆

目录

序

前言

第 1 章　VR 建筑学空间认知宣言　001

第 2 章　VR 平行世界奇点临近　005

2.1　真实世界与虚拟世界　006

2.2　VR 平行世界的构想　008

2.3　未来已来、奇点临近　015

第 3 章　VR 备忘一：让建筑创作回归三维空间思维　017

3.1　建筑创作思维方式存在的问题　019

3.2　建筑创作具有抽象性与虚拟性　020

3.3　建筑创作表达工具的范式转换　023

3.4　VR 建筑空间创作的思维方法　026

3.5　建筑创作过程模式的范式转换　035

第 4 章 VR 备忘二：空间判断从经验到体验的转化 039

4.1 建筑空间经验判断之困境 042
4.2 VR 建筑空间体验认知的特征 043
4.3 VR 辅助设计决策真实案例 050
4.4 脱离形式主义，建筑设计未来会越来越注重体验感 054

第 5 章 VR 备忘三：不做建筑设计方案的“局外人” 063

5.1 “局外人”视角 064
5.2 VR 外部空间认知设计 067
5.3 VR 空间感官认知设计 077
5.4 VR 空间行为体验分析 082

第 6 章 VR 备忘四：提升设计方案信息传递的效率 085

6.1 “Mars + VR”——真实高效多样化地表达 087
6.2 VR 汇报——多维可交互地传递价值 095
6.3 Mars 助战 10 天院落改造设计 109
6.4 日清设计如何用 VR 技术帮助建筑师创作与汇报 120

第 7 章 VR 在建筑及相关领域的应用 125

7.1 VR 在建筑行业的发展趋势 127
7.2 VR 在建筑学相关领域的应用 132
7.3 Mars 助力设计师建设美丽乡村 142
7.4 室内设计师——卢寅采访实录 148

第 8 章　VR 建筑学教育探究与实践 159

8.1　VR 建筑学合作聊天记 161

8.2　VR 虚拟建筑学概述 166

8.3　VR 虚拟建筑学的“教与学” 168

8.4　VR 虚拟建筑学课程设想 171

8.5　VR 建筑学教学实践尝试 192

附录 A　杰伦·拉尼尔关于 VR 的 52 个定义 242

附录 B　Mars 简介 246

附录 C　Mars 教程索引 252

参考文献 256

致谢 261

第1章　VR建筑学空间认知宣言

“世界上存在着一种职业，一种唯一的职业，就是建筑，它的进步没有被人们当成一种必需，它被懒惰主宰着，还总是沉溺于过去。”

——1920年勒·柯布西耶《新精神》

从 19 世纪末至今的 100 多年里，建筑学的发展历经了机械美学与现代主义的兴起，以及后现代主义、新古典主义、高技术派、新理性主义及解构主义等各种思潮的发展。建筑创作表达的方式历经手工制图、计算机绘图、三维建模等发展阶段。当今的建筑师们也或多或少地沉溺于过去对建筑学的认知、设计方法与表达手段，目前建筑设计流程仍然停留在与计算机屏幕的视觉交互阶段。然而信息数字化和人工智能时代已拉开序幕，VR 技术（Virtual Reality，简称 VR）具有沉浸感、交互性和虚幻性三大特征，在 VR 世界中沉浸式体验空间的特征恰巧适合建筑师在建筑设计实践中的空间感知需求。

“VR 是一个充满机遇的新世界：空间结构的交互式菜单，具有未开发的、适用于全尺寸的拓扑学有机体、我们身体动作和直达我们大脑认识潜能的三维网络和最重要的 —— 一个更有魅力的、知觉的和情感化的用户体验。”VR 设备将为建筑师带来感知、听觉和视觉体验等方面的交互，使人机交互的形式发生了革命性的变化。

建筑学一直是对全新可视化技术需求最为迫切的领域之一，从二维到三维的可视化，从三维到 VR 技术的沉浸式空间体验，VR 无声地推进着建筑学的空间认知迭代。VR 技术开创了一种转化我们感知和接触事物方法的全新建筑形式。VR 建筑是一种将推动我们对真实建筑的理解发展至极限，并独立于真实空间的约束与限制，来思考什么是“有可能”的工具。这将激发建筑师空间创造的潜能，拓展思考的维度，革新对传统建筑空间的感知。新技术和新方法论能在相当程度上促进建筑学创作设计的范式转变，解决传统建筑创作中面临的一系列困境，这一趋势是不可避免的。

何镜堂院士曾提出“两观三性”的建筑创作理论体系，其中对“时代性”

是这样阐述的："建筑作为一个时代的写照，新的知识体系、新的思维方式、新的科学技术，必然带来新的设计观念和思想。"芒福德也曾说："每一时代都在它所创造的建筑上写下它的自传。"VR 技术将成为下一代人机交互的综合计算平台，是一种再造时空的技术，最终改变人类对时空的理解。VR 是对传统物质世界物理空间的自然延伸，人们能够在虚拟和现实两种场景中相互切换体验从而产生新的认知。

VR 技术将带来一场全新的建筑学空间认知革命，建筑空间需要体验，在体验中能更清晰地认知空间感，这是理解物质空间的新方法。VR 技术对于建筑学的价值主要在于推敲虚拟场景的合理程度，将建筑学抽象的三维立体空间具象化地呈现在 VR 世界中，并以第一人称的人本视角在虚拟建筑空间中体验与交互。建筑师通过 VR 硬件和软件实现"人本视角"创作建筑方案，在沉浸式体验中认知建筑空间尺度是否适宜并进行交互设计的修改，力求在建筑方案阶段达到精细化设计的完美成果，VR 为建筑师在设计实践中提供了新的空间认知手段。

VR 的多维可交互表现与表达更直观，三维空间信息传递减少了信息的衰减，提高了沟通交流的效率。VR 技术革新了建筑学的思维方式，建筑师依托在 VR 空间中的体验辅助主观判断与决策；学生在 VR 体验中能更好地认知空间，不用再为难以想象的剖面发愁；大众也能更直接地体验认知建筑设计空间与方案。VR 在一定程度上解决了传统建筑设计过程中的空间认知困境，VR 技术将作为新时代的新技术促进建筑设计思维逻辑与理论方法的迭代更新。

VR 世界空间场景的变化，将为建筑师带来不同的时空感受，这将跨越地域的阻隔和时间的限制，获得全新的认知世界与体验世界的形式。VR 将变革建筑创作设计的范式，或许在不久的将来，建筑师将实现随时随地使用 VR 进行创作，以及与甲方或大众交流交互，如同在电影《头号玩家》演绎“绿洲”的广阔世界里畅游无阻地穿梭。在虚拟世界中体验空间设计虚拟建筑，让虚拟建筑所见即所得地在现实世界建设呈现，形成基于 VR 的建筑创作设计的“使用前评价”，集施工建造、运维管理等建筑全生命周期的闭环逻辑思维范式。

库恩曾说：“科学进步的轨迹是跳跃式的，科学进展正是进步的典范，革命通过摆脱那些遭遇到重大困难的先前世界框架而进步。”时代的迭代与科技的进步将对建筑学产生深远的影响，如弗兰克·盖里利用数字化的手段推敲建筑方案的设计方法，用草图和思绪中消失的建构“逻辑”联系起来，在虚拟与现实的互动中，使自己的设计构思逐渐清晰。也正如 1923 年勒·柯布西耶在工业革命时代提出的新精神：“工业，就像奔向终点的洪水那样奔腾翻涌，它为我们带来了适应于这个被新精神激励着的新时代的新工具。”

“VR/AR/MR/AI”等新技术将解放新时代建筑师的思维方式，这激励着“光辉城市”公司创造新时代新工具“Mars”，为建筑学空间认知开启连通虚拟与现实的大门，VR 将促进建筑设计空间认知理论与实践活动的变革。我们不必经历消极的寂灭，就可以看穿所谓“物质厚重”的把戏，我们拥抱 VR，因为它可以成为我们参与终极再创造的舞台。

第2章　VR平行世界奇点临近

“我们都已十分厌倦接连不断地宣称新的纪元和新的开端要出现。因此，在新的时代真正到来之时，我们似乎很难辨认出它。然而新的纪元真的到来了，旧的时代正以惊人的速度消退和磨损。”

——莱斯利·盖尔布

VR 的功能是一个界面。

虚拟世界和物理世界具有对等性；

虚拟空间如此之大，以至于唯一的局限就是你想象力的局限；

我们可能第一次在人类文明根基处进行一场本体论上的转换；

我们可能已经开始了这一最激动人心的历程，即在本体层面上为我们未来子孙创造一种全新的栖居环境；

“要有二进位码”，接着，“要有光”，再接着，“让我们有一个新的身体”……

——翟振明《有无之间：虚拟实在的哲学探险》

或许我们认为从出生至今走过的路、经历过的事都是真实的，当下成为过去，过去的人或事似乎变得虚无缥缈仅存在于清晰或模糊的记忆里，有些场景却会随着时间的流逝而逐渐淡忘。人生是一场旅行，在真实世界中我们活在当下的每时每刻，既不能回到过去也不能穿越未来，把握时间创造价值成为我们每个人实现梦想的路径。我来自哪里？我是谁？我将到哪里去？一直以来都是哲学思考的问题。面对这个问题，不同国家、不同种族、不同宗教信仰的人因三观的差异会有不同的答案。在思索过程中，真实与虚拟的关系或开启一个新的时空观。虚拟世界与真实物质世界的交融正在前所未有地逐渐展开，无论你我是否意识到它的存在性，它已经改变了我们的生活方式，而你我都置身其中无法逃遁，VR 平行世界的奇点即将临近。

2.1　真实世界与虚拟世界

我们活在真实世界的概率只有十亿分之一，技术进步如此之快，虚拟世界与现实世界的边界很快就会被模糊。

——伊隆·马斯克

宇宙与世界的本源一直以来都是科学、宗教、哲学探索的方向，人类试图通过不断地探索来获得宇宙与世界的客观规律。柏拉图曾指出我们感受的真实世界只不过是反射出了更高层次的世界阴影。早在17世纪，法国哲学家勒奈·笛卡尔是目前所知第一个担心我们活在“虚幻世界”中的人，他害怕眼前的一切都是“恶魔”制造的完美幻象。

物理学奠定了解释宇宙万物的运动规律，19世纪末期以经典力学、经典电磁场理论和经典统计力学为三大支柱的经典物理框架已建立，似乎一切物理现象都能够从相应的理论中得到解释。爱因斯坦曾说，时间、空间、物质只不过是人类自身的一种错觉，“真实是一场幻觉，只是它从未结束”。宗教观点指出，“人肉眼看到的都是暂时的幻象和假象，而并非是真相。”20世纪初量子理论用新的规则构建了一个新的世界体系，揭示了微观物质世界的基本规律。

“虚境世界”是一种可以真实体验的三维可视化虚拟智能世界，相对于“实境世界”而存在，它将成为我们“实境化”物质世界的平行态与叠加态。同时，虚境也将改变物质世界的构成逻辑，产生一种全新的“虚境化”物质世界。“虚拟世界”能通过VR技术进行系统构建，故本书称之为相对于真实世界的“VR平行世界”，VR平行世界将模糊真实与虚拟的边界。庄子在《内篇·齐物论》中写道：“物无非彼，物无非是……是亦彼也，彼亦是也。”这说明了矛盾对立双方的包容与转化，虚拟世界与真实的物质世界也存在这样的转化与相融。

在信息时代我们已经实现足不出户就能享受到各种服务，购物、支付等不再受到时间、空间地域的限制。人与人之间在真实世界的相聚会面时间与在虚拟世界的线上交流时间所占比重也发生了巨大的变化，人们从虚拟网络中获取信息的渠道不断拓宽，虚拟世界占用人们的时间正与日俱增。面对虚拟世界与真实世界，翟振明教授用逻辑分析和现象学的方法做了一连串的思想实验，回答“基于VR会改变人的自我认同到什么地步？”试图论证“自然实在”和“虚拟实在”的对称性。结论是“自然实在”的“背后”，并不比“虚拟实在”有更多的本体论承托。未来，真实的物质世界与VR平行世界将共同建构人类对时空的认知，逐渐形成新的虚拟空间物质性承载人类本体真实与虚拟的生活方式。

何谓虚拟？何谓真实？真实与虚拟只是两个相对的概念，物理学理论揭示人类生存的真实世界不仅仅是人类视觉、听觉、嗅觉、味觉、触觉五感所及的物质世界，还包括人类五感所不能感知或感觉不到的物质或能量也是世界的组成部分。对此，我们将真实世界理解为现实的物质世界；将VR世界理解为平行于真实物质世界存在的虚拟世界，我们无法感觉，但能够通过VR硬件设备体验感知，这是一种全新的感知和接触事物的方式，为我们带来虚拟世界的感官体验。2003年，牛津大学哲学教授尼克·博斯特罗姆发表过一篇名为《我们活在计算机模拟中？》的文章，文中提出我们生活的宇宙时空可能是由某种高纬度生物制造的计算机所模拟生成，“后人类文明”可能会进化出，或者创建某种程序来适应计算机宇宙时空，以模拟过去发生的事件和重建远古祖先的生活方式。我们所知觉的，并非朴素的现实主义所主张的、世界对所有人是共同的那样的世界，而是由我们的动机和以往各种经验产生的形形色色的世界。

2.2 VR平行世界的构想

建筑设计应该考虑到设计对象的两个“身体”——真实的身体和虚拟的身体。在现代，我们被赋予了两种身体：真实的身体与真实世界相连，身体内部充满流动性；虚拟的身体则通过流动的电子与世界相连。

——伊东丰雄

VR 平行世界将作为承载未来城市规划和建筑设计的虚拟空间界面，与数字化和信息化技术、“AR”（增强现实）、“MR”（混合现实）、“AI”（人工智能）等技术协同发展，共同辅助人类实现未来城市的智慧化发展形式。阿里巴巴集团技术委员会主席王坚博士提出的“城市大脑”的概念，基于不停地收集所有影响城市运行的数据，通过人工智能来分析决策，建立未来城市的数据化基础设施。首先在杭州实验落地的“城市大脑”智能管控道路资源疏解了杭州交通拥堵的情况，在路口红绿灯的时间控制、紧急情况的“绿色生命通道”、道路资源分配等方面做出了智慧化管理。倘若下一步“城市大脑”在城市生活的各个方面全面应用，必定会将数据可视化并结合 VR 空间展现出来，那么新技术的联动发展或许会产生意想不到的化学反应。

“VR 平行世界”将是新信息与数字化时代的基础设施，VR 城市空间由城市中的外部空间与建筑空间场景共同构成，VR 空间场景是连接现实世界和虚拟世界的通道和界面。VR 具有超时空性的特征，过去世界、现在世界、未来世界、微观世界、宏观世界、宇宙世界、客观世界、主观世界、幻想世界的城市环境和建筑都能在 VR 世界中一一呈现出来。面对真实与虚拟的明确对立关系，造成去物质化的现象，计算机不是对现实物质的抛弃和纯粹图像的诱惑，而是对物质性的重新定义，这种转移需要对设计对象和设计过程都加以重新定义。未来城市与建筑具有了新的物质性，即在 VR 平行世界中对应呈现，我们将更好地进行商业、建筑业等方面的交互，VR 将刷新传统互联网平面屏幕的交互方式，带来三维空间交互的新体验，丰富信息交流的方式。

时代的迭代与科技进步正在以前所未有的速度狂奔，我们只有不断地奔跑才能停在原地，希望我们能乘上技术革新的大船，在世界科技发展的洪流中创新、创业，探索适于中国建筑行业特征的 VR 建筑设计理论，在世界上占领 VR 建筑科技领域的一席之地。

2.2.1 平行世界的第一个层次：真实物质世界的虚拟映射

设想平行世界的第一个层次为真实物质世界与虚拟世界一一映射的关系，包括真实世界可见的城市、建筑的建成环境和不可见的隐蔽设施及工程等，真实世界的物质性可用三维可视化的方式在 VR 平行世界中完整地呈现出来。在设想的逻辑下，VR 平行世界将拥有真实的与现实世界地理位置相对应的地理信息系统，虚拟的城市和建筑可以作为真实世界大数据三维可视化的载体，所有内容与真实世界一模一样。虚拟城市将拥有和真实世界一样的城市格局、道路交通、自然环境与生态资源等。这样政府部门能用数据化与智慧化的方式更加有序地管理城市土地利用、城市存量土地、旧城改造与新区规划建设、工程审批等。

VR 平行世界的虚拟建筑如同 BIM（建筑信息模型）一样完全反映真实物理世界建筑中的各种构成部分，包括建筑的可见和不可见的部分，如建筑结构、建筑设备、隐蔽管线、地下室与基础等，都可在 VR 平行世界中以物质性的方式可视化呈现。通常情况下 VR 平行世界以真实世界的可见性示人，即隐藏了不可见的部分；特殊情况下 VR 平行世界如同 X 射线透视后的效果，让我们看见不可见的部分，以便应用于城市规划与建筑学所需的专业领域，对城市管廊、地下工程设施、建筑隐蔽工程等方面做到可视化的运营维护管理。

与真实世界一一对应的 VR 平行世界中的城市与建筑模型将成为下一个时代的基础设施，是智慧城市与“城市大脑”等数据化的承载体，它将有利于城市的良性健康地运营。未来我们的生活将与 VR 平行世界基础设施密不可分，生活的场景会渐近式叠加和穿越，它将最大限度地服务于人们的日常生活，人与城市、建筑的空间利用匹配度将达到最大化，人们的生活将更加智能与便捷。

2.2.2 平行世界的第二个层次：可见性和真实世界一致

本层次，VR 平行世界的虚拟城市和建筑的可见性和真实世界一致，在虚拟城市中看不见真实城市里所隐藏的地下管廊等隐蔽设施，缺少了第一个层次的 X 射线透视功能。虚拟建筑的所有结构和现实世界一样，然而建筑的隐蔽工程不呈现出来，或者说与空间体验无关的内容不被展现，例如隐蔽结构、隐蔽管线、电梯机房、地下室的隐蔽设备等。

VR 平行世界是真实物质世界的时空延伸，平行世界的空间可以是多维的，例如它可以延伸真实世界中的城市中心区空间，改善中心区土地稀缺存量为零、缺少增长空间等问题。将部分真实世界拥挤得缺少空间的功能移植到 VR 平行世界中，这样 VR 平行世界的空间资源可能成为下一个时代新的经济增长点。例如在 VR 平行世界中建立与现实世界相同的城市与建筑空间场景，人们可以在虚拟的建筑空间中开设商铺，只要穿戴 VR 设备即可联机在虚拟世界中活动、交流、购物、旅游。等到 VR 硬件设备突破了技术难点，VR 设备可变小到随身携带，到时候即可实现随时随地在平行世界工作、生活、社交、游戏、娱乐等。甚至可以创造出很多新的需求，比如回到过去、体验小说中的场景，这里不是读小说作品而是去亲身参与。最终达到线上线下随时切换，以及时空转换的理想状态。

特效与 VR 技术结合

VR 购物

VR 平行世界也可作为电视传媒、影视、话剧等媒体或文艺作品的承载体，例如在平行世界中能制造出电影需要的空间场景，可用于演员的走位练习等方面，在虚拟空间练习后能够让基于虚拟场景表演的演员提升对空间把控的经验，更快捷高效地“入戏”，以适应剧情环境。虚拟世界也可与真实世界同步，形成新的社交生态圈， VR 新兴产业公司可利用 VR 平行世界平台为社交、购物等空间需求做定制服务。

2.2.3　平行世界的第三个层次：脱离地心引力的虚拟世界

VR 平行世界的第三个层次是能够完全随心所欲的虚拟世界，它是一个脱离地心引力的世界，可与真实世界无太大关联，是一个完完全全充满想象的虚拟世界，拥有自我的构成逻辑。在这个平行世界中，建筑结构不再受到力学的限制，建筑的造型能够天马行空地在追随美的灵感中极致地自由发挥。也许它是一个游戏的世界、一个社交平台、一个购物天堂、一个建筑师的虚拟建筑实现之地。它是白日梦实现的奇点，在这里可以有不同的世界观、时空观、建造逻辑与新兴职业。时间将不再是延续线性的单向逻辑，在 VR 平行世界中能够跨越时间维度回到过去，穿越到未来，实现你所能想到的任何时代、任何国家的历史城市与建筑复原。

“消失”的古巴比伦王国或许能重现、埃及的金字塔能够随时参观，我们能够参观游学世界的著名古建筑，在 VR 的空间中学习古希腊与古罗马经典的柱式，全面地掌握实际空间尺寸中的柱头细节，以及柱座、柱身的比例尺度关系等，这比看教科书中的图片有趣生动多了。第三人称世界中的一切都汇聚到第一人称的感受和认知中，从客观世界的消失点上进入“观众”的自我世界中，这就是和人的精神世界直接相连了，“它没有被打断”。或许我们会在 VR 平行世界的希腊雅典神庙中偶遇、驻足、聆听与思索，也许我们还一同游览了修复完全的圆明园、阿房宫，感叹古代秀美的园林与绮丽的建筑。在虚拟世界里我们穿越了时间的长河，跨越了世界地域的界限，能瞬间穿越到任何国度、任何地点与场景。

2.2.4 平行世界的逻辑

- 平行世界土地资源不再稀缺，城市中心区不再拥堵。

平行世界场景

- 平行世界可以脱离地心引力，建筑物不再受到重力的限制。
- 平行世界是由若干个场景组织起来的，场景间可以没有路径，独立存在，用穿越的方式关联。场景可大可小，一个场景内部可能有路径。
- 平行世界的时间不受过去、现在、未来的线性逻辑限制。
- 空间将不再受到现实世界地域阻隔的限制。
- 场景之间有传送门可以随时穿越，路径可以为一个场景内的联系方式。
- 平行世界可以是片段化的场景串接，可以实现从现代到古代，不同时间、不同场景的瞬间穿越。
- 平行世界拥有一批职业 VR 城市规划师与 VR 建筑师提供设计服务，可能会延伸更多全新的职业。
- 每个人都能在平行世界中拥有自己的建筑或空间区域。
- 建筑物的表现形式不受重力等物理学限制，可以更加艺术化。

平行世界中无视空间与时间穿梭

2.3 未来已来、奇点临近

科技是一股很强大的社会力量，在某个社会中，科技进步只朝着一个方向前进，永远无法回头。新的科技产品问世，你可以选择要不要接纳，在你做出选择的时候，这项产品不一定会把选择权留给你。在许多情况下，新科技改变了社会，而且改变的方式让我们最终发现，我们“不得不”使用科技。

——卡钦斯基

一台计算机，一套VR设备，一个VR设计平台。

对，我们就这样完成了“从现在到未来”的穿越，虽然现在这些硬件用起来时，体验还不那么完美，但又有什么关系呢，刚有蒸汽机和电力的时候，体验也不怎么好吧。

“二维交互时代”，也就是现在这个时代，这是一个隔着屏幕去打开世界的时代。

不管你是否留恋、是否愿意接受，这个时代一定会向三维交互时代快速迭代，并一去不复返。

在三维交互的新时代，VR就变成了这个新世界的打开方式，场景就变成了人与世界交互的基础设施，设计师自然而然也就成了新世界的造梦师，万象新世界的奇点从VR平行世界伊始。

这个三维交互的新时代，将是留给设计师的时代，也许在AI替代了大

量的基础工作岗位之后，未来你的注意力有可能变成了你唯一的价值所在。你会发现，只有具备创造的能力才能真正驾驭这个新的时代。如果下一个时代真像是电影桥段中描绘的那样，我们活在虚拟世界里，那么设计师就是这个新世界的缔造者……

未来，最小的社会单元可能不是家庭。

未来，公司这种协作组织将不复存在，会演化成在统一机制内的一个个独立创造单元。

未来，对每个个体注意力的争夺将成为商业战争的焦点。

未来，生活的将是场景化的，交通将不会再是一个问题，我们可以忽略路径，重视一个个瞬间可达的节点。

未来，已来！

VR 平行世界的奇点即将临近，它将如同宇宙大爆炸的膨胀过程，在 5G 或更快速的通信网络作用下不断地演化。

我相信，我们创造的 VR 设计平台是属于新时代的产品，就像所有技术刚诞生的时候一样，只有那 2.5% 的人能察觉到并愿意去尝试，而我们就是那“2.5%”。

第3章　VR备忘一：让建筑创作回归三维空间思维

“在建筑中，装饰和装潢是非本质的，空间的创造才是本质的。”

——贝尔拉格

“空间与形式的关系是建筑艺术和建筑科学的本质。”

——贝聿铭

“每个人都将自身所感知的范围当作世界的范围。”

——叔本华

建筑学科是一门综合性和专业性较强的学科，在不同时代技术条件下研究如何为人类提供各种功能空间，在现实世界研究如何完成供人们使用的物质空间，它兼具艺术美学与技术工程性等特点。建筑空间认知是建立在人对于真实世界感官经验的基础上，建筑师的素养离不开知识的积累与真实世界的感官经验。建筑创作则是逻辑思维、形象思维和直觉思维的综合体验，也是建筑师对物质世界把控的主观认知和情感表达。建筑师需要具有极强的空间想象能力去把控三维空间形体、体量、色彩构成等要素与功能、流线的组合方式。

本章围绕“让建筑创作回归三维空间思维”的主题展开写作，提出了建筑创作具有抽象性与虚拟性的特征：抽象性相对于具体性而言，是指建筑师在创作时需要历经抽象性的思考；虚拟性相对于真实性而言，是指建筑设计的表达和设计成果终究只是虚拟的、非物质的，若建筑不能实际建成，则设计方案只是一种虚幻的设想。建筑的本质属性是三维的空间，这是设计创作时必然考虑的空间本体，在创作过程中抽象性与虚拟性将通过表达工具实现转译到二维或三维的平面图解，表达工具随着时代的发展变革深刻地影响着建筑创作的方法与手段。

VR 技术的诞生为建筑创作带来新的表达工具与思维方法，让建筑三维空间能以真实的尺度感在虚拟世界中呈现，通过对 VR 空间中的环境认知、空间感知和境界体悟三方面的思维方法，将抽象性转化为形象化与具体可感知的空间感官体验，让虚拟性的创作特征在 VR 空间体验中能够真实地体会认知，实现从前只有在建筑建成后才能感受的空间物质性体验。建筑创作过程模式由此会发生范式转换，真正实现体验式的三维空间的建筑创作思维，而不仅是在计算机屏幕中推敲无法体验感知的三维空间模型。

3.1 建筑创作思维方式存在的问题

建筑创作的思维习惯起始点应从大学说起，在传统建筑学的培养和训练中，建筑学“大一新生”的教学计划中不可或缺的科目常包括：画法几何、建筑制图、建筑识图与构造等课程，这些课程培养的是从二维到三维的空间想象与转换能力，二维图纸读图、识图与绘制的能力，以及行业规范与建筑结构的基本常识。当年，建筑学子们最常出错的图应该算是剖面吧？剖面的空间想象对于新手来说相对困难。试想我们现在能用 Revit 直接生成剖面，能用 Mars 直接进入 VR 空间体验，剖面图的绘制还显得那么重要吗？如果我们用可视化、信息化的方式指导建筑施工，那么二维图纸或许就失去了它的作用，或将被淘汰成为上一个时代的产物了。

顺着大学时代被培养的创作和思维方式回想，建筑师们再思考一下如今你在做设计时，画完二维草图之后是确定大体尺寸画一个初步的平面图还是直接建立 SketchUp 等三维空间模型？思维方式是以二维还是三维主导？如果说是二维 CAD 图绘制后再建立三维空间模型，而后再将所绘制的设计立面造型草图或 CAD 图反馈到三维空间模型，那你会不会觉得从二维到三维的空间思维创作流程中，丢失了一些原本想要表达却未能完全表达出来的空间信息。建筑是三维立体的空间容器，建筑师们独具创造力的价值在于如何用美的姿态将这个容器装下不同的功能，同时为人们创造适宜的室内外空间环境。建筑师们常从获取的项目信息开展思考，从周边环境、场地着手绘制方案草图，然而草图之后的思维方式和工作步骤却成为普通建筑师们和先锋建筑师之间的差异所在，如弗兰克·盖里常将构思草图直接变成实体模型推敲建筑方案。

从三维空间本体的角度出发思考设计方案，是准确表达出你心中所想创造的建筑空间的有效手段。这时，VR 技术就是实现三维空间思维的有效方法。让建筑创作回归三维空间思维是可行的、能实现的，且是非常必要的，这也是光辉城市致力于在下一步的校企合作计划中去实践验证的。我设想在专业知识与技能零基础的学生身上，实现下一代建筑师向三维空间思维方式的扭转，而不至于陷入我们至今形成的难以改变的二维定式思维困境，让建筑创作最终回归到三维空间的本体思维中来。

随着 VR 等科技的迭代更新，将会为建筑创作带来更多新的研究工具。几年来我多次采用 VR 技术应用在建筑学教育教学实践中，发现在 VR 空间体验中创作推敲方案极大地激发了学生们的潜能，释放了头脑中空间思维原本的能量，获得了奇思妙想的灵感。所以，我想让所有建筑师都能体会到我所感受的 VR 体验对于建筑学带来的空间认知革命，它将改变采用二维空间的思维模式思考判断空间方案。你会发现在 VR 空间中交互式地创作会启发你的直觉，让设计过程更加生动、直观、真实、有趣、高效……能看到建筑师们与学生们在 VR 中的交互促进了设计方案正向修正，让我激动万分，这就是我热爱建筑学与行业不变的情怀，也是支持我在 VR 创业路上最大的动力。

任何真正的建筑师或艺术家只有通过具体化的抽象才能将他的灵感在创作领域中化为形式观念，为了达到有表现力的形式，他们也必须从内部按数学模式的几何学着手创造。

——赖特

3.2 建筑创作具有抽象性与虚拟性

建筑是人类文化遗产和社会文明进步的最大实物见证，作为石头和木头的史书，建筑是艺术与技术的结合。勒·柯布西耶曾提出平面是生成元，剖面和轮廓是建筑师的试金石，建筑师通过对各种形体的安排，实现某种秩序，而这种秩序正是一种纯粹的精神创造。这种创造是基于建筑师对三维空间的抽象思考，建筑创作的抽象性也体现在建筑师创作理性与感性的碰撞融合，建筑创作虽与文学、艺术创作具有一定相似性，却独具特色，建筑创作是建筑师拿捏物质与空间的表达。创意是感性的，常与“意象”“灵感”联系在一起，它是开启设计构思的“钥匙”，它是设计创作的“主题”，是“建筑的灵魂”。不论是东方还是西方，也不论是过去、现在还是未来，建筑师的“想”与“做”都无法摆脱两种永恒的力量——理性和情感。德国心理学家玛克斯·德索所描述的“创作者似乎已经从远处听到了微微的声音，然而仍然不能推测这声音的含意，但他从微小的迹象中窥见了一种希望”。从心理学的角度，创意偏向于原发过程，有时是心灵的无意识的活动，与使用正常逻辑思维的继发过程相配合，共同完成创新的过程。

安托·皮康曾提出建筑设计的本质就是虚拟之物，它的虚拟性并非只局限于对单个建造物预想，而是涉及了整个领域，图纸和标注只能提供一系列的物质感受，并非精确、丝毫不差、特定的物质真实。设计通常也被认为是一个艺术创作过程，而非一门科学，项目实践总是在不断地人工“试错”迭代中进行，每一次“迭代”严重依赖于设计师固有的知识、经验和直觉，直到某个强有力的外部力量迫使其终止设计迭代。

建筑设计的本质有将抽象性与虚拟性的构思转化为现实物质性实物的含义，建筑创作的抽象虚拟性与建筑本体的现实物质性形成辩证统一的关系，抽象性特征体现在建筑创作的过程与创作的逻辑框架中。汪正章先生曾构建了一个科学、全面、系统且具有中国特色的建筑创作理论框架，在建筑创作研究和教学实践中，把“建筑创作学”的理论宗旨概括为以下八字，即“启思”“明理”“悟道”“习法”。“立意——构思——表达”三位一体，从而构成了其理论框架的一个初步原型。吴良镛院士曾提出的“一切建筑都是地区的建筑”“抽象继承”“迁想妙得”均反映出建筑创作的抽象性。建筑汇集的文化内涵，采用“隐喻”即“象征”方式用来创造新形式，称之为“抽象继承”。

建筑设计的虚拟性与抽象性贯穿在“立意、构思与表达”三个创作的阶段中，建筑师基于对项目信息、基地地形、环境特征与对地域文脉的理解，综合气候、光照等技术条件赋予建筑空间以创作的灵魂。建筑师在立意阶段常用手绘草图表达构思，通过体量模型推敲形体空间关系。随着现代计算机辅助技术的发展进步，在软件中建模能得到更加生动形象模拟真实环境与建筑细部。科学技术的发展让建筑创作的表达手段更加丰富，然而无论是 SketchUp 模型或 3ds Max 渲染效果图，都只是计算机屏幕中的三维表达方式。建筑师无法在建筑建成前进入建筑空间沉浸式体验、审视、判断建筑的空间与形式，建筑空间方案也只能通过使用后评价而无法预先实验判断。

此时，建筑创作设计的抽象性与虚拟性受到设计工具的束缚，传统的建筑创作媒介与辅助设计工具难以为建筑师提供自由创作的环境。以至于弗兰克・盖里超脱于传统建筑创作的范式，依靠数字技术完成构思创作，将绘制的构思草图直接变成三维实体模型来推敲建筑方案，这个关键的步骤将草图和思绪中消失的建构“逻辑”联系起来，弗兰克・盖里在虚拟与现实的互动中，使自己的设计构思逐渐清晰。这也是他克服建筑创作中抽象性与虚拟性的方法，以此取得了建筑创作与实践的巨大突破。建筑创作与表达工具的变革将为建筑创作带来新的实现手段与方法，建筑是时代社会经济、科技、文化的综合反映。当今科学技术日新月异，新材料、新结构、新技术、新工艺的应用，使建筑的空间跨度、高度和空间品质有了更大的灵活性，信息网络技术改变了人们的空间观念和工作模式，新功能孕育了新的建筑类型，科学技术带来的变化，使建筑创作进入了一个崭新的时代。

3.3 建筑创作表达工具的范式转换

VR不同于历史上人类创造的其他工具，人在VR空间的沉浸状态，使“VR”的“工具感”消失，使人能够在本体层次上直接重构其存在，从而为人创造一个可供选择的新的经验世界。

——翟振明

“范式”一词于1962年由托马斯·库恩在《科学革命的结构》一书中首次提出，意为“公认的科学成就”，是建立在某个科学共同体所认可的先前科学成就之上。科学的发展就是在科学共同体的努力下，建立理论范式的动态历史发展过程。他强调了“范式”具有两方面的特征，即：“空前地吸引一批坚定的拥护者”，使他们脱离科学活动的其他竞争模式；它们必须是开放的，具有许多问题，以留待“重新组成的一批实践者去解决”。每个时代的建筑创作都有特定的工具，以形成创作表达的范式，科技的革新与发展将带来创作工具的进步，从而让建筑创作工具产生范式的转换，我们将简单地追溯历史进程中的建筑创作表达工具，回顾历史以便更清晰地判断未来。

建筑学是一门古老的学科，有着传统的建筑学观，最早的建筑设计原则来自现存古老且有影响力的建筑学专著——古罗马建筑师维特鲁威的《建筑十书》，创作于公元前32年～公元前22年，距今已经两千多年。中国建筑也是延续了几千年的工程技术，其本身已成为一个艺术系统。纵观建筑学的发展历史，建筑学的理论和创作方法论的发展演变与时代变迁和技术变革关系密切。从古至今，在人类文明进程中，图画的历史远远早于文字的历史，无论是东方建筑营造借助语言与文字构成建筑传递的信息中介，还是西方古典建筑以柱式为基础的模式化、标准化体系，均对建筑构件做了极其细致的分类和命名，建筑术语系统成熟与稳定地传递着大量的语言化建筑信息。术语系统的没落，则标志着一个建筑时代和一种设计范式的终结。略微复杂的建筑，通常使用负反馈式的“试错法”施工，一旦出错便推倒重来，建设过程往往“积年累月”“浪费惊人”。随着钢笔与纸张技术的突破，以及蓝图复制技术的发明等科技进步，建筑信息以图纸为中介系统，建筑制图进入规范化时代，结合欧几里得几何体系成为理性主义建筑的基础，近代通行的建筑美学标准应运而生。

建筑创作设计采用了语言与文字、图纸、计算机辅助设计的二维、三维信息等媒介，正在向数字化、人工智能、VR 空间体验等多样化的信息传递媒介转化，VR 能直观表达三维空间实境并能沉浸其中进行体验。我们梳理出不同时代建筑创作工具的历史演进范式转换（表 3-3-1）。

表 3-3-1　不同时代建筑创作工具的历史演进

年代	建筑创作工具的发明	工具的作用
公元前 1440 年	古埃及底比斯城司库忒胡泰涅费住宅壁画	绘制具有空间、结构关系建筑剖面图
公元前 453 年—公元前 221 年（战国时期）	中山国古墓出土的“兆域图”铜版	按比例绘制的简化建筑平面图
公元 105 年	造纸术	为在纸张上绘图提供可能性
公元 6 世纪	西班牙神学家圣艾希多发明了翎毛笔	相较毛笔绘图速度快、准确性高
15 世纪中叶	西方建筑师使用羊皮纸、牛皮纸绘图	便于携带保存的廉价绘图介质

（续）

年代	建筑创作工具的发明	工具的作用
15 世纪中后期	西方建筑师使用纸张绘图	物美价廉、直观的图形辅助，激发西方“构图”理论
1803 年	英国工程师（Bryan Donkin）制造出钢笔	建筑制图进入规范化时代
1840 年	英国天文学家和化学家赫歇耳爵士（Sir John Herschel）发明了蓝图复制技术	极大降低了图形信息的复制传播成本
20 世纪 60 年代	美国麻省理工学院提出的交互式图形学的研究计划——CAD 诞生	为计算机绘图、保存备份建筑设计信息提供可能性
20 世纪 80 年代	由于计算机的应用，CAD 软件开始迅速发展	开启“2 维”计算机绘图的建筑设计时代
20 世纪末期	以美国 Autodesk 为代表的公司发布 Rhino、3ds Max、Maya、SketchUp、Archicad、Catia 等模型软件	开启“2.5 维”的三维建模推敲建筑方案的设计范式
21 世纪初	美国 Autodesk 公司发布基于 BIM 术语的 Revit 软件	在中国、美国、欧洲等国家和地区开启三维建筑信息模型建筑设计范式
2010 年后	VR/AR/MR/AI 等新兴技术迅速发展，VR 等建筑模型软件发布	为开启三维空间体验式建筑设计范式、建筑媒介广泛传播提供新的可能性

建筑师总是使用他们所在的时代所提供的工具来工作，即使是在 15 世纪，伯鲁乃列斯基也是使用着他能使用的当时最先进的技术，来设计和建造坐落在佛罗伦萨的圣母百花大教堂。随着 21 世纪计算机辅助设计技术快速发展，图纸媒介已不能满足建筑系统内部高效无损的信息传递，以 CAD 为代表的计算机二维信息绘图工具开始取代手工绘图，成为快速表达设计方案的最佳方式，但建筑创作的思维方式也受到二维绘图工具的限制。

随着科技进步，二维图纸对于三维空间信息的传达逐渐力不从心，SketchUp、Rhino、3ds Max 等三维建模软件成为建筑设计表达中最常用的工具，建筑师创作范式不断地发生转换。随着近 10 来年 Autodesk 公司推出的 Revit 软件的普及，有些国家已经基本普及 Revit 建筑信息模型，进行建筑三维空间信息的传达。计算机三维信息系统一致、精准地传递建筑信息，建筑的数字化媒介具有“全息”信息传递的优越性。2016 年迎来了 VR 科技发展的元年，建筑创作表达工具与信息传递的媒介将实现向建筑本体“空间体验”的范式转化，建筑师将正式实现体验式的三维空间思维方式。进入虚拟空间体验与智能化革新阶段——以“VR/AR/MR/AI”技术为代表的 VR 空间体验式创作辅以“3D”打印实体模型与数字化智慧设计。相对于近年来 VR 技术的硬件与软件的革新进步，建筑创作设计范式的更新转换却明显滞后。

3.4 VR 建筑空间创作的思维方法

当今世界处于信息数字技术与人工智能高速发展的时代，科技的进步无疑为建筑师创作设计提供新的可能性，它将会为建筑学理论带来设计思维方法的范式转换。建筑自古以来就被认为是经验的产物，而方法论到目前只不过 40 余年的历史。何镜堂院士曾提出建筑创作的“两观三性”的建筑理论体系，即整体观、可持续发展观、地域性、文化性、时代性。程泰宁院士也提出构建“形、意、理”合一的中国建筑哲学体系。张锦秋院士提出建筑空间艺术从“天人合一”“虚实相生”“时空一体”“情景交融”四方面体现。前辈们建立的建筑理论体系无疑完善了我国建筑学的方法论，指导着建筑学技术与艺术的完美融合，而建筑创作从古至今都是建筑学的灵魂，表现在建筑师“立意、构思、表达”综合创造的系统性过程中。建筑创作和其他艺术创作一样，同属于创造性劳动……它需要激情、才思和技巧。

VR 技术作为能够体验“虚拟世界”空间环境的计算机仿真系统，最早于20世纪60年代在美国应用于军事领域，而后在工业、医疗、电影、游戏、社交等领域应用广泛并在其他新兴发展方向有着重要的影响力。审视VR系统平台具有的感官体验虚拟环境空间的特性，VR技术的沉浸感、交互性和虚幻性与建筑创作需要的空间感特性“不谋而合”，其特征恰好适合建筑创作过程中体验空间感知的需求。VR技术为建筑学的创作思维与表达提供了新的工具，开扩了建筑创作的视野。顶尖的建筑院校以及先锋建筑公司开辟了专门的研究小组，探索VR技术从建筑设计到施工过程等全生命周期的应用可能，国内的建筑设计院也成立了相关VR部门。

“思维对外部对象信息的加工整合也需要经过两个大的阶段，即由具体到抽象再由抽象到具体。”只有经过这样一个认知过程，才能深刻、稳定、持久地把握对象普遍的本质和规律。探究

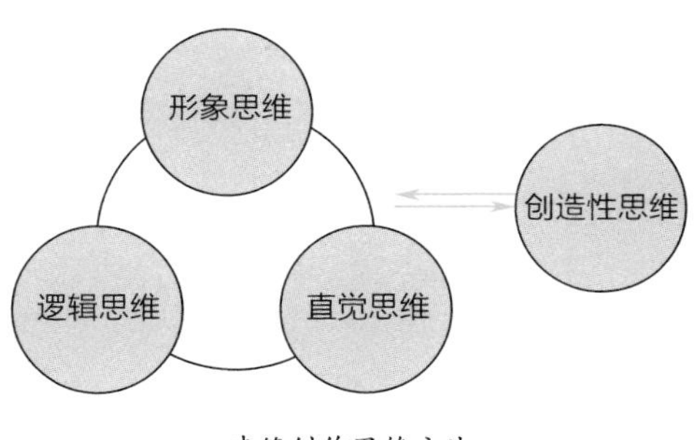

建筑创作思维方法

设计活动的本质和设计方法的哲学基础，对于设计方法的研究必须从最初的原点开始思考，也就是哲学问题。建筑理论和创作方法论是设计思维科学取得突破的正确途径，迄今为止的思维科学研究认为人类思维大致由逻辑思维、形象思维和直觉思维三种基本形式组成，在基本形式的思维基础上，建筑设计的创造性思维与之相互影响。德国包豪斯学校曾开创了现代主义建筑师运用理性抽象思维进行建筑创作的先河。何镜堂院士曾说：“中国建筑师要掌握辨证的创作思维方法，既要有数学家一样的逻辑思维能力，又要有艺术家一样的形象思维能力，建筑师要培养综合思维的能力。”

“VR建筑创作”简单来讲即为利用VR技术辅助建筑创作，指建筑师

在建筑创作过程中穿戴 VR 硬件设备进入 VR 软件平台的 VR 空间，沉浸式体验已建立草图模型的场地环境、建筑室内外空间并推敲方案，形成设计阶段的“草图构思→计算机模型建立→ VR 空间方案体验→反馈修改构思与建筑模型→ VR 空间体验……”的循环评价反馈创作模式，力求达到完美的三维空间思维创作境界。如今建筑师已经实现利用光辉城市公司研发的软件 Mars 并借助穿戴 VR 硬件设备以第一人称的视角进入自己创作的建筑方案空间，体验空间的尺度感是否合理；观察空间的视线是否存在私密性干扰；计算房间的日照是否充足；查看建筑细部构件尺寸是否合适；测试建筑功能是否能满足用户使用需求；验证建筑在防火安全疏散方面是否存在问题……利用 VR 软件在虚拟世界的建筑空间中推敲方案将成为建筑创作的全新思维逻辑，为建筑师的设计过程提供新的思维方法与手段。

VR 建筑创作相较传统建筑创作的思维逻辑，在形象思维过程中介入了 VR 空间具体形象的感知体验，丰富了形象思维的现实表现手段；同时为逻辑思维提供整合优选、反馈修正的综合循环思维模式。VR 科技发展为建筑师带来创作思维的变化将实现钱学森先生曾提出的“多学一点科学方法论，对科技发展产生的最新科学思想与方法的学习都会启发创作思想和创作灵感”。克里斯托弗·琼斯把设计方法论的三个阶段称为“分析”“综合”“评估”，这三个阶段也将贯穿在 VR 建筑创作的思维逻辑中。在建筑创作过程的阶段过程中，借助 VR 技术分析基地现状的自然或建成环境条件，建筑师能够增强场所和意境的“环境认知”，提升建筑创作的形象思维与逻辑思维。对建筑与环境相

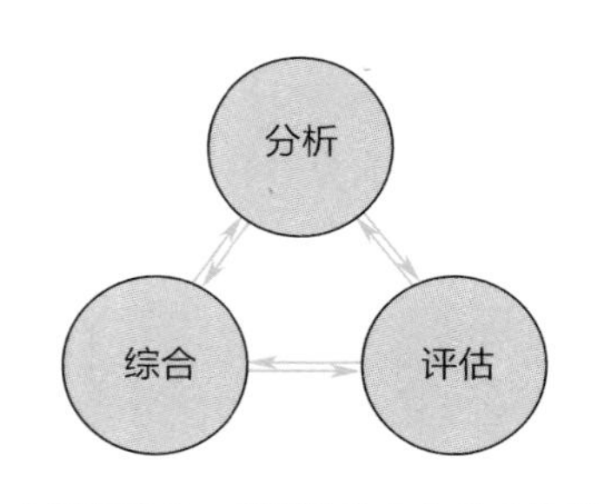

克里斯托弗·琼斯设计方法论三阶段

互交融的空间关系综合设计，增加创作阶段对建筑外部形式、内部流线、验证尺度与采光等的“空间感知”，进而基于体验感知实现形象和逻辑思维向直觉与创造性思维的跨越。在 VR 空间实现建筑创作的直觉与通感的“境界体悟”，对方案进行比选、评估与决策，在创作阶段获得循环反馈的最优设计方案。

3.4.1 VR 环境认知

我国古代有“境象非一，虚实难明”之说，《管子·乘马》中“因天材，就地利”亦是指明环境对城市与建筑建设的重要性。老子的“有无”之论从哲理上阐明了空间的本质，世间万物都是在这种“有无”相生的交织与挣扎中向前发展。著名建筑理论家诺伯格·舒尔茨曾指出：“建筑师的任务，仍然是使人类环境得到具体的形式，他的专业就是精通而且具有能力去创作形式……”。郑光复在《建筑的革命》一书中说“周易变易不息，太极生两仪，阴阳对立互补，彼此消长，互相转化，否极泰来。它可视为一种世界有机的、整体的、系统的理论。它在神秘主义形式中，蕴含了科学思想和方法论”。

吴良镛院士曾提出在特定的环境创造建筑形式是一条建筑创作的基本原则。它可视为一种世界有机的、整体的、系统的理论，建筑与环境正是在创作过程中密切联系的有机统一整体，尊重环境是建筑学的通识性原则。对环境感知的基本方式是时间和运动，人在空间环境中随时间和位置的变化得到对环境的认识。在建筑构思创作的过程中，建筑师将设计与环境“情景交融”的建筑空间，在处理建筑外部空间或庭院的建筑模型后，将模型融入基地周边环境空间模型中。建筑师即能在 VR 模型中进行体验，对创作的建筑外部空间环境是否契合原始环境做出判断与决策，进而优化修正建筑创作方案。实现何镜堂院士曾提出的重视整体环境效益，正确处理自身在整体环境中的地位，既考虑与原有环境的协调，又使原有环境更充实、更和谐，并延伸到室内设计中而融为一个整体。

VR 环境能以可视的、动态的方式和全方位的视角展示建筑物所处的地理环境、建筑物外部造型、内部空间及各种附属设施，使建筑师与用户能够在一个虚拟的 VR 环境中体验未来真实建筑物的室、内外空间，进行材质的确定、建筑材料的选取与植物配置的安排，并能够在 VR 虚拟世界中进行实时漫游。建筑师能在 VR 环境中以人本视角对环境进行体验式创作，如布置外部空间的家具、种植不同类型与高度的树种，感受对空间感造成的影响，都能即刻实现交互性体验，提升在 VR 空间中对建筑环境的认知。随着认知科学、建筑与环境心理学研究已经发展出一系列测度和量化人类行为与建筑环境互动效果的方法，这些度量方式将“以人为本”的观点纳入到一种循证（Evidence-Based）的设计流程中并提供了基础。在建筑创作阶段，实现在建筑项目实施建成前通过VR模拟与人的行为模式实验开展“使用前评估”，增加建筑创作“以人为本”的科学性。

VR 沉浸式认知公园环境

3.4.2 VR空间感知

宗白华先生曾讲："一切艺术综合于建筑，而礼乐诗歌舞之表演，亦与建筑背景协调成为一片美的生活。所以每一文化的强盛时代，莫不有伟大建筑计划以容纳和表现这一丰富的生命。"设计是一项需要循证和规则化方法的研究工作，学术和设计之间的联系非常紧密，研究和设计是一个共同过程的不同部分。VR理论研究与建筑设计也是同样的关系，它们将为建筑创作提供新的逻辑思维，综合形象、逻辑、直觉及创造性思维，在VR环境中实现建筑师在创作时最需要的空间感知，为建筑师的主观性或经验性提供验证的平台。西蒙认为外部环境由两大部分组成，一个是通过视觉、听觉、触觉所感知的"实在世界"；另一个是关于这一世界的大量信息，存储在长期的记忆中并可通过识别或联想检索出来。然而在处理器解决难题型问题时，记忆所起的作用是有限的。VR将创造出"虚拟世界"以解决记忆有限性的问题，建筑师创作出的虚拟设计方案在VR"虚拟世界"能够实现视觉、听觉等感知，并包含大量可调整的建筑信息，可为建筑师提供随时且便捷的调取服务。为创作出杨廷宝先生曾提出的"适宜于此时、此地、此人、此事" "巧于因借，精在体宜"的"体宜建筑"提供VR体验式创作平台。

以生命本体论的观点来看，建筑空间具有与宇宙和生命相类似的秩序与审美。空间知觉是以视觉为主通过各种感觉共同作用而形成的，分为形状、大小、立体和方位这四种知觉。空间感受一直以来都是建筑师创作的重点所在，空间是容积，借助空间周围的实体获得感受，空间的封闭和开敞关系是建筑师灵活手法的展现，初学者对空间的观察和想象能力都显得经验不足，那么VR正是增加经验值的有效手段，帮助初学者体验和感知空间中的长、宽、高的向度，感知开敞与封闭的空间感，感知空间大小与形状变化，体验色彩的变化对于空间感的改变。建筑师可通过在 VR 平台中体验创作的建筑方案空间，感知建筑空间的形状、空间围合关系、空间序列与空间的尺度，以人的视觉及真实尺度体验、推敲建筑空间体量的均衡性、韵律、比例关系等特征。例如 VR“虚拟世界”能提供“线型”街道空间或“面型”广场等外部空间感受，为“动”“静”空间的区别提供感知条件。建筑师能够在 VR 建筑空间中实地体验 D/H 比值的空间感，将定量 D/H 比值与空间感受相结合进行创作。

建筑的空间序列也能够在 VR 空间的行径中被体验，通过曲折、节点的收放与围合关系形成序列感，建筑师在体验中创作更符合“人本主义”精神。空间尺度直接影响人对空间的感知。人对外部空间与建筑空间的感知过程存在内在规律。在创作过程中进入 VR 空间，可实现以成人或儿童不同身高的视点进行观察，建筑师以人的尺度为标准在 VR 空间中推敲建筑高宽、尺度感、建筑细部、造型体量等的尺度关系。此时，建筑识图变得不那么重要，思考方式回归到关注三维空间的本源，而不是基于二维来思考三维的逻辑思维。采用这种方式将培养一批新的建筑师，对三维空间的把控优于传统的建筑学学子，这也是我们在新时代的新机遇。

大尺度街道 DH 比值关系认知

小尺度街道 DH 比值关系认知

3.4.3 VR 境界体悟

建筑创作已形成了严密的逻辑思维过程，包括形象思维、直觉思维和顿悟，创造性思维是创作中质的飞跃。逻辑思维运用概念、判断和推理而实现，具有一维、线性的特点；形象思维是以形象为主要思维手段的思维活动；直觉思维是直接把握的思维方式，能调动大脑的“潜知”。形象思维和直觉思维由于具有整体性、跳跃性（而不是像逻辑思维那样具有直线性、顺序性），所以往往比逻辑思维更适合于探索和创新的需求。在建筑创作过程中，创造性活动中关键性的突破（顿悟的形成）靠形象思维（尤其是创造想像）或直觉思维。建筑创作的哲理即“最高智慧”，是“境界”，以“境界”这一具有中国智慧的哲学思辨来诠释建筑创作机制，建构一种符合建筑创作内在规律的“理象合一”的方法论，具有创造性的思维方式，例如直觉、通感、体悟等。

钱学森先生曾提出形象思维、抽象思维、灵感思维是普遍的思维形式。建筑师在创作过程中的创造性思维，依托形象、逻辑、直觉思维的基础突破与飞跃。VR 平台正是为建筑师实现创造性思维的直觉、通感与体悟提供了 VR“虚拟世界”。在 VR“虚拟世界”中，建筑师加深环境认知、空间感知，最终将实现创作过程中最高境界的“悟”，同样以“人本视角”身体力行地在建筑方案空间中“体悟”，“体悟”建筑方案中的时空感，或许能激发建筑创作的灵感。老子的“自然观”“空间观”也是在特定的环境条件下顿悟。通过在 VR 空间的通感与体悟，建筑师能将建筑、环境与人的心灵体验融合，创造出一种生命体所特有的内在有机整体关联、和谐秩序、令人心动的建筑意境。实现张锦秋院士提出的“天人合一、虚实相生、时空一体、情景交融”的建筑空间艺术。VR 建筑创作思维过程是结合建筑师的视觉与时空感知，在体验中寻求人的直觉和通感，并提升至体悟。创造性思维是逻辑与形象相互交织、相互统一的过程。VR“虚拟世界”并不是一个静态的世界，而是一个开放、互动的空间环境，建筑师能够沉浸其中并在“此时此地”观感创作，达到建筑创作的融会贯通、天人合一的境界。

VR 中体悟中庭空间意境（一）

VR 中体悟中庭空间意境（二）

3.5 建筑创作过程模式的范式转换

建筑范式转变包括了思考方法的转变、设计方法的转变、工具程式以及实践模式等的转变和不同尺度上的运用。建筑创作涉及三个方面“建筑师（Person）”“创作过程（Process）”“建筑物及其空间环境（Product + Place）”。建筑创作过程虽并不具有程式化、确定性的可操作模式，但仍有一些规律可循。在早期的方法论研究中，笛卡尔曾提出过经典设计过程模式，克里斯托弗·琼斯、亚历山大、希利尔、布鲁斯·阿舍尔等学者在设计过程方面的研究也具有代表性。从哲学上讲，“过程是事物发展变化的连续性在时间上和空间上的表现，事物由于自身的矛盾运动，使其发展在时间上前后相继，在空间上连续不断，形成一个发展变化的过程”。西方对建筑创作过程设计方法论的研究已摆脱了主观性的方法，转向科学的方法与工具，把设计过程物质化定量分析、外延化图式思维、开放化群众参与和科学化合理设计。建筑创作过程模式是否科学合理、是否适用于建筑学科特征毋庸置疑是建筑成果是否优秀的决定性因素，而国内在建筑创作过程模式的相关研究需进一步提高，缺少对现实创作过程的反思与方法论的建立以指引科学地创作。

吴良镛先生曾提出“繁荣建筑创作”，鉴于建筑本身的综合性，其途径也应是多方面的，可以说“条条道路通罗马”。何镜堂院士曾提出建筑创作本质，需把握建筑设计行业特点坚持“实践→理论→再实践”的过程。鲍家声先生提出建筑创作需要更理性的方法，并通过更客观的评估，运用“创作→反馈→再创作”的“反馈法”（Feedback method）优化设计。伦佐·皮亚诺曾提出“设计并不是一个线性的过程：你有了想法，写在纸上，执行它，然后就成功了。相反，它是一个循环的过程：你有了想法，尝试它，重新考虑，返工，一次又一次地回到原点”。由此可见，“多样化”“理论 / 实践”“理性”“反馈”“循环”等成为建筑创作过程的关键词。笔者试图对比分析了传统建筑创作过程模式与 VR 建筑创作过程模式存在的差异，发现在传统建筑创作过程中建筑师容易陷入因二维思维方式主导而限制空间想象力等问题，进而对比性地提出更加理性适用于建筑学科特征的 VR 三维空间建筑创作过程模式。

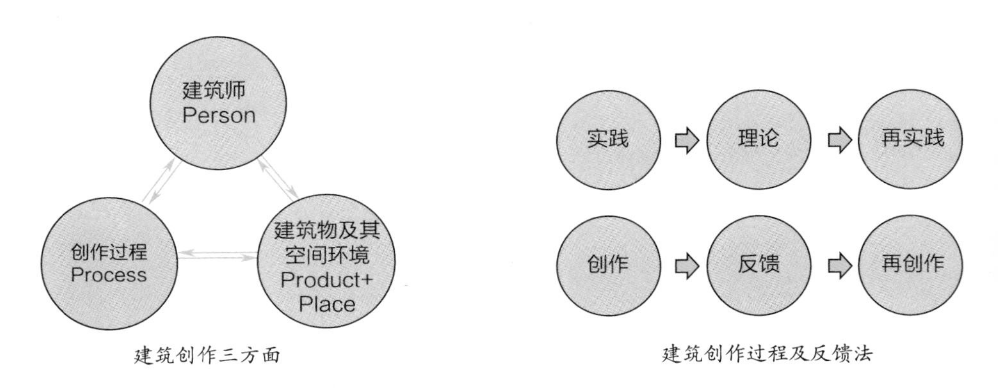

建筑创作三方面　　建筑创作过程及反馈法

3.5.1　传统建筑创作过程模式

建筑师创作过程涉及人、时间、创作工具三要素，在线性的时间维度建筑师作为“人”的主体通常从“立意、构思、表达”三个“时间”阶段展开设计，在创作的过程中用笔、纸、CAD、SketchUp、3ds Max 软件等“创作工具”完成建筑创作的构思与表达。有学者将建筑师的传统工作分为两种：“创造性工作与过程性工作”，而创造性工作是建筑师的核心价值体现，过程性工作可以交给设计师助理完成。传统建筑创作过程的过程模式简单来讲为“立意—手绘构思草图—绘制 CAD 二维平面图—建立 SketchUp 模型—推敲决策—绘制 CAD 二维成果图—制作 3ds Max 模型输出效果图和动画”这七个主要步骤。

建筑师在立意阶段需要对建筑基地及周边的现场调研，收集基础资料信息汇总并进行分析，从而根据历史文脉、地形环境特征、项目要求及相关条件着眼立意构思。在传统的建筑创作过程的构思阶段，国内建筑师通常采用构思草图的方式着手，草图包括平面图、剖面图、透视图等形式。然后根据构思草图直接制作手工实体模型推敲方案；或根据草图绘制二维平面图，将平面图导入 SketchUp、Rhino 等模型软件中建模，并在其中进行方案推敲与讨论。两种方式最大的区别在于前者是以三维空间思维模式思考，而后者容易陷入二维图软件绘制过程的限制。由二维引导三维模型建立的思维方式进行创作，其过程本身不符合建筑学以三维空间为核心的本体特征。构思阶段项目组经常不断地交流讨论或与甲方沟通，由此反馈循环从而修正优化设计方案，从而评价决策出最优方案。在表达阶段有两条实现路径，其一为 CAD 二维成果图的绘制，并完善 Revit 三维模型的翻模工作；其二则为建立 3ds Max，为汇报制作效果图或动画，在表达阶段建筑师通常需要效果图公司配合制作效果图或动画，需要耗费大量额外的时间与费用成本。

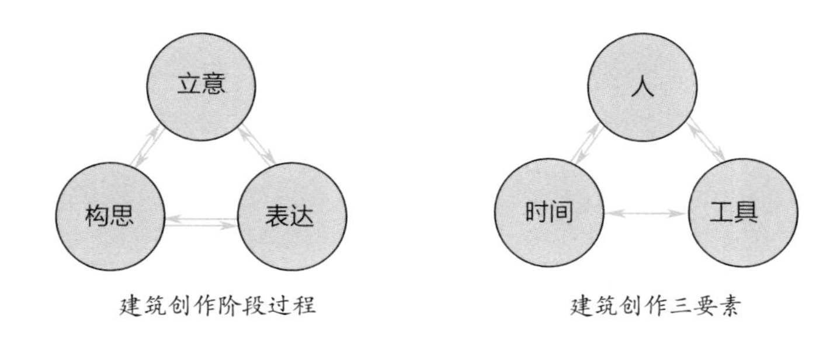

建筑创作阶段过程　　建筑创作三要素

3.5.2 VR 建筑创作过程模式

基于 VR 技术软件平台的建筑设计将打破传统的建筑创作设计模式，建筑师利用 VR 技术进行体验式的方案创作、汇报方案、交付 VR 建筑三维模型辅助建筑施工并与甲方实时沟通交流，这有利于建筑全生命周期的设计、施工与运营维护模拟。VR 建筑创作是基于传统的建筑创作过程模式发展而来，其创作的过程主线不变，不同的是 VR 硬件与软件成为建筑创作过程的新工具，能在立意、构思和表达阶段介入建筑创作过程。

VR 建筑创作过程的过程模式简单来讲为“立意—手绘构思草图—建立模型—进入 VR 空间推敲决策—修改模型—绘制 CAD 二维成果图—输出 VR 效果图和动画”这七个主要步骤。在完成构思草图后，建筑师可进行 SketchUp 或 Rhino 等模型建立，然后将模型文件导入 VR 软件（如光辉城市的 Mars）进行简单处理，就能够利用 VR 硬件设备快速进入方案空间中体验初步构想的建筑空间。建筑师能利用三维空间的思维方式与可视化的感官体验共同创作建筑，在 VR 空间中能够发现尺度、细部、环境、光线等方面存在的问题，VR 帮助建筑师进入反馈循环优化完善的闭环逻辑思维，在创作阶段最大程度地接近真实的建筑建成环境。例如弗兰克·盖里通常采用三维空间思维的创作方式，利用模型对草图创作过程中不完善的部分进行细致的推敲，制作模型的过程就是理解建筑的形态特点和空间组成的过程。

在表达阶段，Mars 软件可直接对接已经反复修改完成的模型文件，建筑师对其稍作处理就能生成建筑效果图与视频动画，无须耗费额外的时间成本与费用，提高了建筑表达阶段的成果输出效率。VR 建筑创作模式相比传统模式的优越性在于用 VR 平台的三维空间体验的方式创作优化建筑，比二维图纸与三维小比例模型都更接近真实。在 VR 平台中体验视觉、听觉、运动、力觉、嗅觉和味觉等多感知，结合设计师在空间中的行为，能够带来沉浸、交互、真实的环境空间感知，从而解决传统建筑创作的“局外人”困境。在 VR 空间中进行方案创作的交互，不仅能模拟真实的自然与建成环境，也实现了建筑材质、色彩、环境、植物、空间感与现实世界一一对应。如同彼得·艾森曼就“进入信息时代，建筑会发生怎样的变化”的提问回答道：“进入信息社会，建筑发生的改变，就是建筑不必再像原来的建筑那样像某一种建筑”。建筑师创作工具的改变，将解放创作的思想、优化建筑创作的方法论，形成科学、理性的 VR 三维空间思维创作逻辑。

第 4 章　VR 备忘二：空间判断从经验到体验的转化

建筑也许是灵魂不朽这一执拗梦想的最明显体现；或者说，“体验超验”才是建筑的功能原型。

——赖特

在 VR 中体验建筑空间环境

理解建筑并不等于能从某些外部特征去确定建筑物所属的风格，只看建筑物是不够的，必须去体验建筑，你必须去观察建筑师如何为特殊目的而设计，建筑又是如何与某个时代的全部观念和韵律一致。

——S.E. 拉斯姆森

设计观念的变化必然对传统的思维方式及工作方法提出挑战。系统思维、层次思维将显得更重要。建筑学科的综合论、广义论都客观地反映了建筑学科综合性的特点，而传统的建筑设计理论和方法从定性描述的经验水平向定量化、抽象化和系统化方向发展，从传统的单目标局部设计向系列优化、多目标的宏观综合优化设计发展，从而提高建筑设计的质量。经验水平是建筑师在建筑项目实践过程中的长期积累，与建筑师从业年限、设计项目数量与规模大小等因素密切关联，由此积累的经验适用于特定地域气候特征与同种类型、规模的建筑实践项目。建筑师在成长的过程中通常借鉴前辈建筑师或发达国家的成功经验，然而经验并不是真理，不能在所有的建筑项目中简单套用，故数字化、技术化等新技术的发展为建筑项目的“研判”提供了新的方法。

从技术上来说，建筑业相较其他行业而言是相对的滞后，如汽车行业早已实现产业化与装配化的生产方式，我国近年来才把建筑行业的产业化与信息化提上的新高度。技术的变革与发展让建筑师们有了新的释放潜能的手段与方法， VR 技术、数字化参数化设计、“3D 打印”与人工智能建造等技术不断地促进着建筑设计理论与方法的革新。有了 VR 技术，我们能在 VR 世界把设计好的建筑方案预先施工修建一遍，在此过程中建筑师或许会发现存在未预料的问题，从而在设计阶段完成项目的变更。各专业技术人员如施工人员等能够在 VR 世界的建筑空间体验中更准确地了解建筑师的设计意图，这能在一定程度上解决施工人员因不看建筑图纸而对建筑细部施工不精准等现实问题。

4.1 建筑空间经验判断之困境

建筑设计具有虚拟性、抽象性、主观性与经验性等，他们常用经验来设计和判断，而一位有经验的建筑师通常会历经长达十多年的实践积累。VR 技术的应用与 Mars 工具的诞生，建筑师实现了对建筑空间判断从经验到体验的转化，这种方式下能大大缩短“新生”建筑师成长为有经验建筑师所需实践积累的年限。

因建筑创作设计的抽象性和虚拟性特征，建筑师仅能在建筑施工建成后才能实际体验建筑空间，若不能在建造前事先预判建筑设计方案可能存在的问题，到施工时再出现变更或返工等情况会造成不必要的经济损失。这就需要建筑师拥有丰富的经验对设计做出正确的判断，建筑师们在不断试错的过程中积累设计、表达和处理空间问题的能力，从参与方案设计、初设、施工图阶段到建筑施工的全过程中实现空间认知能力的实践经验积累。

然而，国内部分建筑设计院常采用流程化的生产方式，按照设计的不同阶段进行分工，有专门的方案所、施工图设计所，甚至还细分为总图、立面、户型、节点大样、文本制作等部门，这造成了一名建筑师很难参与全流程，其经验的提升往往被限定在相应的范围之内，这种产业模式在提高工作效率的同时，也在一定程度上限制了建筑师的上升空间。在这种情况下，建筑师的经验积累往往需要更多“问题的反馈”“解决的循环”，逐渐增加对实际问题的把握能力。建筑师实践经验积累耗时较长，同样也受到所使用的技术工具束缚，传统的二维 CAD、三维建模软件不能为建筑师提供体验感知建筑方案空间的环境，设计的虚拟性导致建筑物只能在使用后评价而又无法修改的弊端。我国建筑业正在向精细化高品质的设计和施工转型的过程中，需要大量有丰富经验的建筑师对建筑方案做出正确的决策，亟待有效的方法改善建筑师实践经验积累耗时长的困境。

建筑设计是艺术、是技术，也是主观认知判断的产物，是人类对信仰、对美、对生活的热爱和追求。从前通过匠人不断试错逐渐积累正确的经验，通过经验判断决定建筑施工的处理方式，人类在不断的摸索中建立了一系列的建筑规范标准，作为建筑设计、施工、管理的依据。然而经验有时候在实践中并不一定能帮助抉择出最优方案，即便是很有经验的建筑师也可能在空间尺度的判断中失误。如今多了 VR 技术，它能帮助建筑师预先体验方案空间，实现从经验向体验的转化，在体验中更好地把控空间尺度以作出判断。这时，起作用的就是“体验”，而体验与经验不同点在于体验是即刻的，不需要长时间积累的。这样，就可以解决建筑师成长历练过程中需要耗费长年实践经验积累的问题。

4.2　VR 建筑空间体验认知的特征

VR 技术具有沉浸感、交互性和虚幻性的三大特征，VR 技术是虚拟世界中万象新开端的连接通道，能在各行各业中得到淋漓尽致的应用。对于建筑设计专业特性，我认为 VR 对于建筑学的最大改变是提供了第一人称角色的人本视角，让人们能沉浸其中和这个开放的空间体系进行交互，这改变了传统建筑学对空间认知的方式。这种改变也颠覆了传统建筑学的创作模式，让“体验参与式”的创作方式得以实现。实现以第一人称角色的人本视角进行建筑设计，在 VR 空间中认知积累大量的建筑实践项目，缩短实践经验积累所需要的年限，便于建筑师更准确地把控空间尺度等设计要素。通过 VR 硬件设备与软件匹配，建筑师置身于建筑方案中沉浸式体验各种功能空间，在体验过程中交互修改建筑方案，最大限度地保证与真实物质空间一致的精细化设计。所以，结合 VR 技术的特征，将 VR 建筑空间认知的特征归纳为“VR 人本视角”“VR 沉浸式体验”“VR 人机交互”，下面将对这三大特征进行详述。

4.2.1 VR 人本视角

建筑师在创作过程中穿戴 VR 设备，利用 VR 软件与硬件以第一人称的人本视角感知建筑物的室内外空间环境，体验建筑方案的“VR 世界”，在体验过程中建筑师以专业与犀利的眼光可能会发现建筑空间存在的问题与缺陷，或能找更适宜的处理手段，从而以人为本地进行决策并修改优化建筑方案。VR 技术帮助建筑师真正实现用人本视角创作是一件难能可贵的事，过去我们用笔和纸、计算机绘图等工具开展着建筑设计创作，用鸟瞰图表达建筑物的总体外部环境与造型，用透视图表达各个节点中人的视角所看到的建筑形态，用速写、草图、建模等方式推敲优化建筑功能空间与流线组织。计算机建模软件虽然能够为建筑师提供人视点的建筑空间视图，却不能进入其中真正地体验人视点角度的建筑空间。

随着认知科学、建筑与环境心理学的研究发展，有了一系列测度和量化人类行为与建筑环境互动效果的丰富方法，这些度量方式为将“以人为本”的观点纳入到一种“循证”（evidence-based）的设计流程提供了基础。VR 技术能为设计流程提供成人或儿童的视角，建筑师可以在 VR 虚拟空间中用同样的眼光审视建筑实际设计方案。这看似一小步的技术进步与突破，却开启了设计手法一大步的跨越。人本视角中建筑师能以用户的身份进入自己的方案空间，审视与验证空间尺度等要素是否合理。当我们在 VR 空间中体验时，会发现可以用传统设计手段所不能实现的分析方法验证方案，如视线分析、家具布置和细节的设计考虑等，这些都需要从人的视角出发来思考。

人本视角革新了传统的视线分析方法，我们能在 VR 空间中以实际的身高体验建筑的视线，例如这将优化酒店客房或室外游泳池私密性的判断方式，让建筑方案在建筑师和用户的体验中不断优化，进而更适合用户的需求。人本视角对于建筑室内设计也有直观的帮助，人体工程学作为建筑设计尺度控制的基础，是建筑设计规范中定量数据的依据。室内设计中家具的位置、高度等要素在二维平面、立面、剖面的推敲中难以确定时，进入 VR 环境中就能实际地感受到各种家具、挂件等的位置、大小、高度等参数是否适合人的使用，真正实现以人为本地控制设计要素。设计中常有较多的细节节点需要在建筑大样图中表达，有的要点却需要辅以文字描述才能将细节表述清楚，然而在 VR 的人本视角体验观察节点空间模型的过程中，节点的信息能够全息无损地传达。VR 人本视觉感知体验，为建筑师提供了新的创作与感知空间的方式，“以人为本”的设计理念有了实现的新手段，方案创作过程不再抽象，能沉浸体验地创作，让创作更加生动、有趣。

4.2.2　VR 沉浸式体验

VR 技术的“沉浸感”也被称作临场参与性，产生逼真的“虚拟环境”，从而使得用户在视觉上产生一种沉浸于虚拟环境的感觉。基于此特点，建筑设计师能够沉浸式体验自己建立的 SketchUp、Revit、3ds Max 等建筑模型，例如光辉城市公司的 Mars 软件可直接对接 SketchUp、Rhion 等模型，通过 VR 设备即刻进入模型的虚拟空间中，体验未来即将修建建筑的真实空间尺度。利用 VR 平台，即使甲方或用户为非专业人士，也能认知建筑空间的真实尺度等要素进行决策。建筑设计师在虚拟世界中对方案空间感的体验将能够极大地推进建筑师改善优化建筑功能空间，设计出更加人性化、舒适性与环境融合的优秀建筑方案。沉浸式和真实尺度的体验方式，降低了用户理解建筑空间的认知门槛，同时使得如视线、空间、细节、材质等难以在效果图中体现的建筑元素得到放大和关注，让非专业人士对所塑造的虚拟建筑空间有了一个直观真实的理解，提高了业主对方案的信心和相互的沟通效率。

体验和认知建筑室内外的VR空间能够为建筑师提供不同的视觉刺激，感知不同空间的界面、大小与尺度是否符合人的需求，为建筑空间尺度的精细化设计提供可能性。体会人在建筑空间中会产生怎样的情感，是否符合建筑创作的主题，进而反馈优化建筑方案。VR 空间体验感知与认知能够最大限度地辅助有经验的设计师做出理性的决策，也是培养学生或刚毕业的设计师增强认知建筑空间感能力的新方法。学生也能够通过VR空间体验，将传统较为困难的空间想象抽象思维转化为可视化的形象思维，有利于学生加强对空间感的认知，促进与激发学生的想象力与兴趣。通过不断地、持续地在 VR 空间中认知不同建筑案例，学生或经验不足的设计师能自己发现问题并解决问题，并在相对较短的时间内快速提升、迅速成长为一名优秀的设计师。

VR 体验为抽象的设计提供了一个更实际可靠的验证方法，在未来的建筑设计中，环境、空间、行为与心理感受的交互会更加紧密。安托·皮康提出建筑在设计过程中是去物质化的虚拟表现和真实现实在相互博弈，真实的建造结果依赖于虚拟数字媒介中的叙事和思考。过去建筑师仅能够控制描述物体的静止状态，而现在建筑师则可以操控流动的几何形体，并获得传统绘图手段中不可实现的扭曲变形的表面和体量。VR 建筑设计即依托 VR 平台在虚幻与现实中不断切换，由此具有所见即所得的“虚幻真实性”。如果能完全实现 VR 体验的 Mars 平台中的素材特性均是从市场中进行采集的，建筑材质、植物配置、家具素材均为市场中现有的真实材料，材质库中包括材质的类型、色彩、厂家等属性资料。能够达到 VR 环境中的空间体验与项目修建好后的视觉效果几乎一致，这种空间感知的方式传递建筑信息，区别于传统的建筑设计过程中二维 CAD 图纸、三维建筑模型、建筑动画漫游视频及效果图的可视化信息传递。VR 让设计师走进虚幻世界中真实的建筑空间里，获得全新的建筑设计体验，创造出所见即所得的理想境界。

4.2.3 VR 人机交互

从系统论的角度来看，建筑创作过程是一个“开放巨系统”的作用过程。这就决定了“不断地与外界进行信息交换”是其本质属性，也就是说在建筑创作过程中，虽然在真正的创造性工作开始之前有一个相对集中的信息加载过程，但从整体来看，在创造过程结束以前，获取信息的工作永远不能停止。VR 空间与通常 CAD 系统所产生的模型以及传统的三维动画不同，它不是一个静态的世界，而是一个开放、互动的空间环境。目前 VR 的交互技术包括空间追踪、动作捕捉、手势识别、眼球追踪等，最终实现五感交互。VR 技术可通过激光定位、红外光学定位和可见光定位等定位技术确定人在 VR 中的空间位置。通过空间位置的确定定位虚拟世界中的坐标系，这是判断人在现实世界空间与周围壁面或环境之间位置关系的方法。当 VR 技术中的视觉、听觉、嗅觉、味觉、触觉的五感交互信息系统发展成熟时，人们将在 VR 世界中获得与现实世界相似的感觉，各种感觉传递到大脑中循环关联，会使人们体验到所感所见的真实性。

空间与环境的可交互性设计即为以 SketchUp、Rhion 等模型导入 Mars 中进行交互式的方案创作，设计师与用户能够在一个虚拟的环境中体验未来真实建筑物的室内外空间，进入设计方案的空间中对建筑材质、色彩、环境中的植物等要素进行实时修改以得到不同的感官认知体验，同时能在

庭院环境空间认知交互

虚拟世界中进行实时漫游，完成适合现实世界的方案设计。同时可实现实时与甲方或用户沟通交流，修改调整建筑方案模型中的设计要素，满足甲方和用户的需求。创作过程的实时交互修改，在一定程度上缩短了决策时间，提高了建筑设计沟通的效率，增强了甲方或用户对建筑方案空间的感官体验。建筑师能够沉浸在 VR 空间中实时修改模型的环境与场地，如种植树

a）春季

b）秋季

c）冬季

不同季节的“慢屋·大理揽清”庭院空间景观设计交互

木或花草、选择布置外部空间的家具、调整建筑立面的材质与色彩等，通过对各种要素实时修改得到不同的感官体验，进而对建筑方案进行比较、决策与优选。

建筑师能在 VR 环境空间的体验交互中对光线、建筑、地形、色彩、场景比例等进行综合的把控，营造不同的环境氛围，激发使用者的情绪共鸣，增强沉浸感。如建筑师能利用 Mars 软件的天然光系统实时观察 24 小时的日光变化，并进行相应的日照分析；也可调整四季形成不同季节的景观、种植不同树种或不同高度植物营造以不同的空间感，体验雨、雪、雾等天气，为建筑师提供在 VR 环境空间场景中的交互性体验。又如建筑师在 VR 体验中能即刻发现如室外台阶下部是否需要加灯带，加在什么位置合适，用什么样的亮度等，都能第一时间在 VR 世界中体验并调整。

建筑有它固有的、天生的比例方法，那种认为在视觉世界里的比例可以像音乐中和谐的比例一样来体验是错误的。

——S. E. 拉斯姆森

4.3 VR 辅助设计决策真实案例

有了 VR 技术之后，我们能在 VR 中验证建筑的基本构成要素，不同功能的建筑都需要满足人体尺度的要求、人的生理要求以及人的活动对空间的要求。我们能够设置成人、小孩甚至行动不便的人坐在轮椅上在空间中进行体验，验证空间尺度是否能够满足不同人群对空间的需求。利用 VR 我们能够在住宅空间中布置家具，判断剩下的空间是否能够满足日常生活的使用，有利于合理的空间设计。在 VR 建筑模型的体验中可直观地感受建筑的体量大小和形状、空间围合的关系、空间组合形式以及空间之间的联系。设计师能在行径中体验人行流线的顺序验证建筑空间的组织关系及疏散效率。VR 技术丰富了建筑师对于空间认知判断的手段，新生建筑师不再受经验不足的制约，通过真实的空间体验做出合理的决策。

建筑结构、建筑材料与建筑施工可在 VR 中得到可视化真实场景的呈现，结构设计师在 VR 中能直观地判断空间尺度与建筑结构的关系。在 VR 中可调整不同的建筑材料获得特定的建筑形象。建筑形象常被解释为建筑观感美学的问题，传统的三维效果图的表达不那么真实地反映建筑基地和场所中的建筑物视角，这种视角或许我们在真实的场景中永远也无法看到，那么效果图中的形象表达对于实际使用者来说没有太大意义。所以在真实的场景中看到的建筑形象显得至关重要，通过 VR 场景建立，使用者进入 VR 空间中就能够真实地感官认知建筑形象，甚至建筑材料的色彩与质感、建筑空间的光线与阴影、建筑体量变化带来的表现力等，进而帮助建筑师判断设计是否适宜、建筑形象与周边地块的建筑是否契合、与城市整体风貌是否协调、与背景的天际轮廓线是否呼应等。

VR 技术可帮助建筑师更确切地认知建筑形式、空间和秩序，19 世纪 80 到 90 年代，芝加哥学派建筑师 L.H. 沙利文宣扬“形式随从功能”的口号，当今建筑师利用 VR 空间体验能够更完美地处理形式与功能之间的关系，在验证建筑表现基本原则（比例、尺度、均衡、韵律、对比、稳定等）的时候多了一个空间感知的手段，能够用不同的视角对方案进行全方位地把控。如建筑师周凌在大理洱海边的酒店设计中，从人的体验出发，仔细推敲“经验位置”，考虑人如何进入场地和建筑，先看到什么、再看到什么，人最愿意坐在什么位置、看到什么景色等，外观和造型只是一个结果。

也例如用 Mars 直观地在 VR 中体验建筑空间，用体验的方式判断如使用哪种层高（3m、3.3m、3.6m、3.9m）更符合我们的主观感受，帮助建筑师在不同功能的建筑中选择合适的尺度满足人对空间感的要求。如地下车库设计的柱距控制与车位布置设计，单纯从平面出发新生建筑师可能会遇到尺度把控不精准等问题，若在 VR 环境中相应车位放置车辆模型，建筑师能够实际体验放置后剩下的空间大小，通过体验判断车位的尺寸是否适宜，并能够在 VR 环境中实际体验进出车库的空间流线，可能会发现只用传统二维平面方式设计所不能判断的问题。这时 VR 在一定程度上缩小了新生建筑师与有经验建筑师之间的差距。因为体验与环境密切相关，所以在进行空间感知的时候，需要提供一个真实模拟空间效果的工具，内容包括光线、材质、天气、季节……

将 VR 中的空间体验结合建筑师的经验共同进行决策，帮助建筑师在建筑建成前把握方案的空间尺度比例、质感、细部等一系列的基本要素。

在 VR 中也能通过改变声音的远近、方向、音量，让用户或建筑师在建筑空间中实际感受，判断哪种音量范围内是较为舒适的。VR 技术的发展，让建筑设计多了一个运用、判断和科学决策的工具，未来我们将通过 VR 中的噪声实验为建筑设计提供决策参考，满足人的感受和对环境的需求。

栏杆扶手尺寸

某设计院的建筑师在施工图阶段推敲建筑构件细节时，对楼梯的栏杆扶手构件进行尺度判断，拿捏不准扶手的尺寸用 30cm 还是 50cm 合适，于是建筑师建立了两种栏杆扶手的模型，导入 Mars 软件中进入 VR 空间中观察，看哪种尺寸适宜，最后设计师选择了 30cm 的扶手。建筑师认为 VR 场景的沉浸式体验能够解决 30cm 以内的细节推敲，更可以深度地体验 30cm 扶手的设计细部，这个在传统表达手段里是很难做到的。

雨棚出挑长度

某设计院在商业综合体的设计过程中，设计师团队对于建筑立面上雨棚出挑长度的尺寸选择有较大的争议，通过剖面图推敲了很久也没有定论。设计师们进入 VR 中沉浸式体验了整个建筑空间格局后，对比两种尺寸在真实视觉感知的尺度下的空间感，马上选择了合适的出挑长度。VR 技术对于建筑设计中空间认知的审视与判断具有促进作用，让设计师可以更准确地认知不同尺寸的构件对于建筑造型与功能等的影响。

四合院的大小

每位建筑师或许都有对空间尺寸不同的认知，在设计思维的过程中对空间方案有不同的判断。某建筑设计事务所做的四合院项目中，团队的几名有经验的设计师体验了 VR 中的建筑方案后，其中一位建筑师认为 VR 中实际的四合院尺寸比他设计中预想的小，而另一位建筑师则认为比他预想的大。表明即使是对于同一个项目同样的空间，不同的建筑师有不同的空间认知判断标准，但这个标准不一定准确，那么 VR 环境中的体验就很好地反映了这种认知的差别性，从而修正建筑师对空间大小的认知，更精准地修改完善设计方案。

柱距的确定

柱子是建筑设计中重要的承重结构，也是建筑师在创作过程中对于立面和室内空间安排的竖向线条的要素。在某建筑项目中，建筑师对车库的柱距进行讨论，在 8.4m 和 4.2m 的跨度尺寸中纠结，经验的判断似乎没有太大“话语权”，于是团队成员选择在 VR 中体验一下判断不同的柱距设计对于空间方案的影响。最终设计师们寻求了一个合理的建筑空间，敲定了柱距的尺寸。

酒店客房的私密性

在某度假酒店的设计项目中，设计师进入 VR 空间后发现客房之间的视线干扰会影响人对于空间私密性的心理需求。VR 的三维空间体验感知相较传统视线分析更加直观，我们能在 VR 环境中游览每间客房，用人的视角观察房间外的风景，能最大限度地验证客房的景观视线不相互干扰。体验式的判断让建筑师切换到用户的身份，设身处地地换位思考用户的需求。该项目的业主方认为 VR 的空间体验能让用户更好地了解度假酒店项目，准备在酒店建成后用 VR 体验的方式对整个度假酒店进行展示宣传。

建筑高度的体验

在某设计院的旧工厂改造项目中，设计师团队在对旧工厂的高炉进行头脑风暴的改造设想，高炉是项目中的制高点，如果利用好这个制高点会成为整个改造项目中的亮点所在。团队建立了旧工厂现状的建筑空间模型，试图在此基础上进行改造设计。团队讨论了高炉的新用途，其中一位设计师进入 VR 空间中到高炉顶上俯瞰整个区域，在 VR 虚拟世界中身临其境地感受到了在高炉顶上恐高的心理感受，因此团队能深入地讨论改造后的高炉是否可以上人等细节。VR 的沉浸感再次刷新了设计师对于方案创作的空间认知，将心理感知等要素真正地落实在设计中，这是传统的设计手段中无法实现的。

VR辅助设计决策的真实案例每天都在发生，在此我们就不一一列举了，VR 帮助建筑师实现精细化设计，辅助空间认知等方面的效用有目共睹，下面我们选取了与一名建筑师使用 VR 和 Mars 情况的访谈实录，从建筑师的真实想法和感受来理解未来的建筑设计。

4.4 脱离形式主义，建筑设计未来会越来越注重体验感

——采访上海都设营造建筑设计事务所有限公司执行董事、总建筑师凌克戈

在这次有关设计和未来的交流过程中，凌总向我们讲述了他的一个观点：随着设计精细度的增加，未来的项目会越来越注重实际的体验感。这个对于建筑设计发展趋势的判断让人眼前一亮，以下是对凌总使用 Mars 和 VR 功能的采访。

马斯：之前关注到凌总在朋友圈分享了都设西北湖双玺项目的实景照片和 Mars 成果的对比，您为什么选择在这个建成项目上使用 Mars 呢？

凌克戈：西北湖双玺项目的模型是根据施工图做的，很接近最终建成

效果。例如大厅的材质，是把真实建筑过程中会用到的材料，通过计算机制作，然后还原到模型上。我认为照片的效果很难通过计算机来模拟。这个模型已经有了一个好的基础，作为用户，我想看看 Mars 可以接近到哪种

“都设”西北湖双玺项目（实景照片）

“都设”西北湖双玺项目（Mars 实时截图）

程度。目前来看，在效果还原方面还是不错的。

马斯：难怪，因为 Mars 场景的呈现状态也受到模型精度的影响，我也觉得这个模型很精细。但没想到双玺项目连材质都是 1∶1 的，这个工作可以说做得非常细致了。那么都设在日常的设计创作工作中，是如何使用 Mars 的？

凌克戈：在项目初期、中期汇报的时候，我们需要形成一个汇报文件，用 Mars 可以很快出一些“表现”直观地给业主看。我们现在有一个古镇的项目正在使用 Mars 制作，比较好的是可以设置一个路径让业主走进去体验，对于项目的展示来说是很好用的。

还有我们最近做的另一个项目，这个项目业主要求非常高，很关注从窗户看出去的风景。这就需要我们对方案推敲得比较到位，不像大部分住宅项目只用出一两个“立面”。鉴于这个方案非常讲究使用者的体验感，于是我们准备把业主关注的角度都在 Mars 里展现出来，让他们全面地体验这个方案。Mars 实时渲染的速度和效果恰好能够满足我们的需求。

马斯：所以，现在也有一些业主开始关注实际使用的体验感？

凌克戈：事实上我认为，随着设计的精细度的增加，未来的项目会越来越注重实际的体验感。我们过去是不注重的，原来做设计我们注重建筑的外立面，注重建筑的材质效果。即使做了室内，也不太关注从室内往外看的效果。例如设计一栋别墅，设计师很少关注坐在室内沙发上往室外看会是什么样子。但实际上，大家在使用房子的时候，有多少时间会关注建筑的外立面呢？

实际上现在找我们做项目的业主已经开始提出，要看这个建筑从室内看向室外的状态。国外的很多别墅设计，展示照片都是选择从室内往室外看的一个角度，但我们现在还停留在只从室外角度看建筑效果。如果将来设计师开始注重从室内到室外的效果，那室外出着大太阳室内还要开灯的状况，就成为了不可能存在的事情。像我们这个办公室，外面是阳光明媚，里面还要开灯，这完全是形式主义的一种结果。我们现在还基本停留在形式主义阶段。

马斯: 这么看来，建筑设计未来是会有一个“更加注重建筑空间体验感”的发展趋势？

凌克戈: 这是肯定的。像是国外建在市中心有景观的住宅，会使用无人机绑着镜头，在室外从住宅底层一直拍上去，拍摄一组画面后导入计算机，在软件里点击 23 层 F 房型，就可以看到这个房间从室内看出去是什么样子。在这个基础上，你用三维模拟把窗户之间的梃加上去，包括用计算机计算出窗高和人视点的位置，模拟的效果和实景就八九不离十了，卖楼的工作人员就可以告诉你，你从这个房间看出去实际就是这个样子的。

就像我们做的西北湖双玺项目，这个项目的住宅部分是武汉市中心的“豪宅”。我们为什么坚持要做转角窗，而且不要框，而是直接玻璃转角？这是目前国内较少运用的做法，因为房子外面正对着武汉市中心最大的湖泊，不能让窗户打断它。

之前我们在日本看到这样的做法，觉得特别好。但是国内的很多业主会疑惑，每个平方增加这么多钱，到底是为什么？之前很少有人会关注体验感这个事情。另外，很多住宅都会在景观面做阳台，这是一种习惯做法。但是我们做的住宅项目坚决不能做成这样，为什么？你做一阳台出去，人

“都设”西北湖双玺项目（效果图）

432 Park Avenue，RafaelVioly，曼哈顿

为地把观察视线给限制了。人眼的视线是270°的，视线范围很广，你不能限制客户只能平着往外看。所以在纽约这样的城市，他们的建筑不可能出现阳台在正立面的情况。对着世贸中心、对着哈德逊河的建筑，永远是一块大玻璃面，就是为了让你从上到下的视线都是一个巨幅的画面。

马斯：这样的话，在高效地展现实际的空间感与体验感这一点上，Mars还是有优势的。

凌克戈：对。还是拿西北湖双玺这个项目举例，在建筑的沿湖面，我们把阳台设计到了侧面，如果不让业主先看到实际观景效果，业主就会很生气地拍着桌子质问：你会不会做住宅？为什么景观面的阳台放到了侧面？这种情况下怎么跟他解释呢，我们只能拿十个欧美的豪宅项目跟业主讲，说你看，这些项目都是采取类似的设计方法。

海德公园一号，理查德·罗杰斯，伦敦

虽然解释了设计理念，但是没有一个直观成果给业主看，他会将信将疑。不直观，效果就不真实。

这个时候如果有Mars这样一个快速表现的工具，就可以很直观地让业主看到效果了。一旦有了 Mars，哪怕模型还很粗糙，也可以很清晰地让业主看到，有了这个梃是什么效果、不加这个梃是什么样子、这个窗到底是打算怎么做。如果不这么设计，对着武汉市最大的城中湖，在这个位置从室内看出去竟然看不到湖，或者画面全部割断了。

马斯：这么看来，在未来“关注体验感”的建筑设计发展方向中，我们可以帮助设计师更好地传达设计思想，说服业主。

凌克戈：对体验感的关注，在欧美、日本已经很普遍了。日本建筑的玻璃水平方向的长度都是在 1.8m 到 2.4m 之间，这是为了从室内有一个非常好的风景。比如像隈研吾在东京设计的一个酒店，用的就是 2.4m 的玻璃。

东急凯彼德大酒店，隈研吾，东京

你可以看东京的酒店，窗户 2.1m、2.4m 的居多，这也源于日本建筑对于造价不是特别关注，更关注室内室外的观感。你再仔细看日本的别墅，也都是大玻璃，不会设置很多梃。中国的很多建筑一看方案还可以，为什么建出来效果这么差？就是因为梃太多，为了省钱，把玻璃窗做小了。

这些就是未来中国设计师要跟业主传达的理念，但如何说服他们呢？这时候 Mars 可以真实展现出这些空间，让业主走进 VR 场景中去体验，成为说服业主的工具。像苹果体验店里用的，一块 6m × 4m 的玻璃要花费十几万。为什么几千块可以解决的玻璃问题我要花费十几万？只有让他体验没有框的玻璃效果是多么震撼，那他才会心甘情愿花这个钱。

如凌总所判断，建筑设计未来将逐渐脱离形式主义，越来越关注人的体验，那么这也是设计师的关注点从“外在”到“内在”的回归。这不仅更加需要设计师的专业性，也考验他们如何让业主在项目未建成时就能体验到尽量真实的效果。“让设计回归创意，把其他交给科技”，在这样的未来展望下，“光辉城市”致力通过科技帮助设计师，让建筑师更高效地推动设计工作的各个环节，让 Mars 成为“带你走进未来的设计工具”和“多维可交互的汇报工具”。

凌克戈简介

国家一级注册建筑师

重庆大学建筑城规学院客座教授

上海建筑学会创作委员会委员

2005 年上海市建筑学会青年建筑师新秀奖

2006 年第六届中国建筑学会青年建筑师奖

2007 年重庆大学主教学楼获詹天佑奖

2011 年世博中心获得上海市优秀工程勘察设计一等奖及上海市建筑学会建筑创作奖：优秀奖

个人代表作品

扬州虹桥坊（建成）

姑苏雅集（建成）

鲅鱼圈保利大剧院及图书馆（建成）

南京白云亭文化艺术中心（建成）

武汉西北湖双玺（建成）

北京恒泰广场（建成）

重庆大学建筑城规学院建卒厅改造（建成）

三亚棕榈泉度假区四季悬崖酒店

厦门海悦山庄（建成）

厦门东坪山高尔夫酒店（建成）

上海东郊宾馆北楼扩建（建成）

成都协信希尔顿酒店（建成）

绿地长岛艾美酒店（建成）

上海世博中心（建成）

绿地三甲港酒店集群（建成）

武汉光谷希尔顿酒店（建成）

第 5 章　VR 备忘三：不做建筑设计方案的“局外人”

技术根植于过去，主宰着现在，展望于未来。

当技术完成了它的真正使命时，它就升华为建筑艺术。

——密斯·凡·德·罗

吴良镛先生在《北京宪章》指出：建筑学与更广阔的世界的辩证关系最终集中在建筑的空间组合与形式创造上，建筑学的任务就是综合社会的、经济的、技术的因素，为人的发展创造三维形式和合适的空间。创造有文化、有思想哲理的建筑才是富有个性特色的建筑。美国著名建筑师路易斯·康也指出：“建筑师的地位何在？他是一个传递空间美感的人，这是建筑艺术的实际意义。路易斯·康看来，原创性的设计不是制造表面新奇的风格，而是探索秩序，在秩序中生成形式，建立世界中的世界。思索有意义的空间，开创一个好的环境，这就是你的发明创造。”勒·柯布西耶在致建筑师们的三项备忘中提出建筑师通过对各种形体的安排实践某种秩序，而这种秩序正是一种纯粹的精神创造。

建筑界的大师们对建筑学有着不同的见解，建筑或建筑学（Architecture）一词，在拉丁语中的本意是工匠主持人所从事的工作，包括艺术和技术两部分，是二者的综合。建筑技术的发展改变了建造方式与技艺，VR 科技的发展则改变了建筑师与空间的关系，在 VR 世界中建筑师与空间设计方案之间的关系从未如此亲近，真实的三维空间体验感知，让建筑师置身于方案空间，不再是空间的“局外人”。设计方法、建造逻辑和实现工具的变革深刻地影响着新范式的产生，建筑风格与思潮的发展只是表象，其背后的设计方法与建造工具深刻影响着建筑范式的革命。在前文提及的几点 VR 备忘的基础上，我尝试从 VR 外部空间认知、VR 空间感官认知和 VR 空间行为体验三方面阐述 VR 在建筑创作的设计过程中的应用点。

5.1 “局外人”视角

作为“局外人”的“上帝视角”，或称全知视角、客观视角、绝对视角，作者如上帝一般，无所不知；与之相对的有“第一人称视角”，也可称为有限视角、主观视角、相对视角。传统的建筑设计方式，建筑师总是以第三人称或“上帝”视角作为“局外人”来面对自己创作设计的方案空间，然而“局外人”对于空间的认知与把控有时会少那么一点亲切、少那么一点精致。所以在VR科技时代来临时，建筑师可以不用再做设计方案的“局外人”了，而是能实现进入VR环境中体验感知建筑方案的室内外空间。

大部分建筑师都热爱着建筑行业，但目前国内建筑设计行业现状与施工质量却不那么令人愉悦。面对需要多专业配合，具有综合性、复杂性与多样性的建筑物来说，从它竣工那天屹立在大地上开始，通常会存在几十年的时间，谁都不忍看到它建成后存在一系列问题，不得不修修补补、返工重做，所以最好的方式就是在施工前将这一系列问题避免。建筑师在工作过程中采用图解的方式进行思维与表达，建筑图解是建筑师与外界交流沟通的媒介与方式，图解的目的在于展示建筑师的创作思维与设计意图。建筑空间图解生成的视像转译更像是一种空间形态的“解码”过程，通过解码的方式来图解与解读建筑师创作的各种空间，然而二维图解并不能完全表达清楚三维空间的全部内容。

建筑设计的不确定性反映在建筑表达上，即便是最具有说服力的表现技法，也无法完全与真实建造相吻合，建筑中的表现，如同建筑制图，预示了一个不可能被定位的观察者。这个观察者通常为建筑师，在传统的建筑创作范式中，建筑师在设计实践过程中利用传统的二维及三维设计软件绘图建模。在计算机屏幕前以第三人称视角作为旁观者面对自己创作的建筑方案空间，却不能以第一人称的人本视角认知建筑空间，作为“局外人”全然无法置身其中体验空间的合理性，不能以用户的身份置身建筑空间中发现可能存在的问题，出现对建筑空间的认知偏差，对尺度和细节的处理不准确等问题。若我们不进行以空间为核心的分析，将无法期冀理解人类的感知和行为，更难为设计提供指导。

建筑师创作建筑如同文学家创作小说，创作是虚构的，而对于自己创造的世界，创造者认为自己有能力采取“上帝视角”决定建筑空间形式。如同阿根廷作家豪尔赫·路易斯·博尔赫斯发表的小说《阿莱夫》里谈到包罗所有时间与空间的一个点，万能的“上帝视角”，超越了时间和空间限制，有“先知”的意味。科学技术也是一把双刃剑，建模软件在为建筑师带来高效便捷创作成效的优势时，也让建筑师时常落入 “上帝视角”的陷井，在这个普通人无法企及的视角推敲建筑的形式与造型时，忽视了鸟瞰角度的建筑外部造型与人在建筑空间中的需求关系甚微这个问题。形成的鸟瞰视图或上帝视角应该是在传统评价体系中，建立在熟悉认知体系下的一种判断创作方案的方法。

“上帝视角”由此成为建筑创作与建筑日常使用之间的一个悖论，诚然“上帝视角”在观察建筑外部造型的整体性具有优越性，如观察“置于特定的、连续的空间中的建筑物的排列之建筑的本质”。建筑师以“局外人”的角度研判建筑的空间形态，但建筑空间处理是否得当、功能使用是否合理却仅能凭借建筑师的经验和在完成施工建造之后的使用后评价，这也是建筑设计虚拟性与现实的物质性之间缺乏的时空关联。但建筑内在空间“品格”才是建筑本体理论的核心，如布正伟先生“自在论”的建筑哲学基础在于建筑创作立足建筑本体理论追求建筑的高品格，建筑的内在“品格”应高于外在“风格”，按建筑本体理论规律创作获得品格上的一种恒久意义。杨廷宝先生曾在现实主义建筑创作路线中提出建筑的根本目的是服务于人，建筑应以人为本，服务于社会，而非建筑师个人表现的工具。

在我国快速城镇化进程中，建筑师要在超短设计周期的压力下创作出符合人们需求的建筑空间，可以换一种思路，以专业人士的身份进入创作方案的 VR 空间中，设想自己是未来的使用者去体验。本着人的尺度与视角用专业的眼光审视判断空间方案中各种构成要素的合理性、可行性，是否符合一系列的要求与需求，是否符合以人为本的理念等。建筑师从此将不再是设计方案空间的“局外人”，既是设计师又是 VR 空间中的使用者，这样建筑师们就有了更好的说服业主的科技手段，增加了方案推敲的科学性会让建筑师获取更多的职业话语权。

希腊人认为，用纯数学比例做事会使灵魂感到愉快。

——毕达哥拉斯

5.2 VR 外部空间认知设计

芦原义信在《外部空间设计》一书中归纳了尺度与质感两种外部空间要素，通过对人的视野范围、视点与建筑之间的距离等要素认知外部空间。如今建筑师可置身 VR 虚拟世界中以由远及近地漫步到建筑物，可在行径的不同距离中验证建筑设计中的尺度与质感等要素。建筑师在 VR 中能更明晰地认知自己设计的建筑细部，建筑与地形和环境之间的关系，不再以“局外人”的眼光看待建筑方案，置身在方案空间中能极大地提升对空间的认知程度。

5.2.1 尺度

在建筑创作过程中使用过 VR 功能的建筑师普遍认为：VR 体验是有效的验证空间尺度疑惑的实现方式。

“尺度”一词在建筑学中作为专业术语，指建筑物整体或局部构件与人或人熟悉的物体之间的比例关系，及其这种关系给人的感受。与人体活动有关的一些不变元素，如门、台阶、栏杆等作为比较标准，通过与它们的对比而获得一定的尺度感。在室内空间中比较度量家具整体与局部、家具与人体、家具与室内空间等关系的尺寸。对空间尺度感的精准设计需要设计师长期的实践经验积累，是建筑师实践过程中不断历练的能力素养，以人体尺度作为衡量建筑空间设计的基准。在近几年的VR建筑项目积累中，尺度是建筑师在VR技术中应用较为广泛的要素点。建筑师乐于置身于VR虚拟世界的方案空间中，用人的尺度来推敲空间尺度的合理性，有利于方案科学地推进。

1. 外部空间尺度

在传统的建筑设计实践过程中建筑师不能以真实人视点的角度观察体验建筑，难以在设计阶段实现感知方案模型的空间尺度，导致可能会出现设计尺度与建成后的偏差。而利用VR设计建筑项目时，建筑师能进入VR空间推敲建筑方案，以人本视角和人体尺度体验建筑空间，直观地感受建筑的高度、宽度等空间尺度，并获得建筑室内及外部空间感受。

在“首钢三高炉”案例的VR室外场景中，设计师和用户能够在行径的过程节点中由近及远，自由地选择路径，体验不同视角的建筑外部形态，以及真实建成后的建筑尺度与空间感。感受场地中微风拂过水面的水波涟漪，树木与建筑相互掩映，提前体验建成后在水边、树下的驻留空间，场地水景、室外环境与改造的“首钢三高炉”主体建筑相映成趣。在VR中对建筑外部空间尺度的感知与认知，对于城市中展示地域历史文化特征的重要公共建筑如在博物馆、体育场馆、剧院等项目的应用尤为重要。建筑师能够实际地把控场景中的建筑风貌、建筑高度等要素对周边环境及城市公共空间在视线上的关联或影响，建筑师直观地感受场地与空间的关系，促进更合理更人性化的设计外部空间。

VR 建筑外部空间尺度测量

VR 城市道路测量

“首钢三高炉”项目室外环境

“首钢三高炉”项目主体建筑与室外场景的关系

2. 灰空间尺度

如在虚拟世界中感受“首钢三高炉”案例中的灰空间，空间的高宽比与尺度是否能满足公共空间人流量的需求，在 VR 体验中能较好地验证。在室内外的过渡空间中，建筑师能体验室内外的自然风光与景致，让设计结合自然有了更好的创作与交流方式。

在 VR 中感受走廊灰空间

在 VR 中感受休息区灰空间

在 VR 中感受灰空间与环境的关系

在 VR 中感受建筑连廊灰空间

3. 内部空间尺度

在 VR 中体验感受建筑的内部空间，基于人的视角、尺寸与需求来把控内部空间的大小、家具布置、灯光设计等方面。无论是雨棚出挑、室内净空高度还是开间、进深等，VR 技术是精准掌握建筑内部空间尺度的重要手段。以往的图纸和模型等传统工具，无法帮助建筑师进行方案的思考和深化，特别是对于尺度和材料等方面，传统的工具几乎“没有太大作用”。VR 对于房间的开间（3.6m、3.9m 或 4.2m 等）能够帮助建筑师亲身体验真实的内部空间尺度，有效地推进方案的深化与细化。

5.2.2 细部

何镜堂院士在创作中重视建筑细部的处理，做到精心设计，对许多建筑细部都做了认真的推敲，搞得比较细，并落实到施工中。如许多项目外墙采用面砖饰面，从选材、砌法、墙面分格到细部处理都很考究，认真推敲，精致而富质感，体现了建筑师的匠心。细部构件的抽象形态也可隐喻特定的内涵，传递地域特征和历史文化等背景信息。费埃・琼斯曾提出“细部是一种概念化的颗粒——一种普遍存在的象征，代表了局部和片段之间的连接和联系……细部设计是一种强烈的对最微小局部的关注——对细部的专注往往可以回溯到对整体方案的重新考虑……对一个种子的想法可以带来整体的成长。”勒・柯布西耶曾提出整体和细部归一，建筑细部设计是建筑师关注的重点之一，对建筑细部的把控反映出建筑师的设计能力素养，然而建筑设计的虚拟性常让设计师对某些建筑细部难以决策或判断失误。

在VR空间中认知建筑空间节点，能辅助建筑师观测把控建筑细部尺寸、形状等要素，通过视觉与空间认知判断建筑细部的材质、样式等是否合适，帮助建筑师在建筑整体与局部细节的把控中做出正确的决策。弗兰克・劳埃德・赖特曾说：“局部之于整体正如整体之于局部”，建筑局部节点与

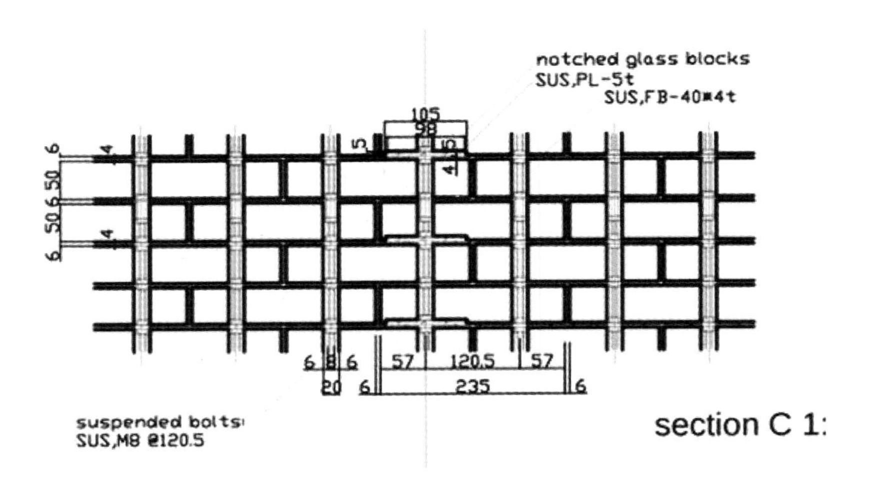

玻璃砖住宅项目的玻璃砖墙细部设计图

VR 中模拟的玻璃砖墙细部效果

细节是构成建筑整体性的母题要素。VR将对建筑整体与局部之间关系的把控提供虚拟世界感知空间，同时Mars软件已经与市场中的建筑材料、家具等信息对接，最大限度地将建筑设计的虚拟性与现实世界建造的物质性密切关联，形成从设计到建造的闭环逻辑。设计师能利用VR精细化地设计建筑，Mars为建筑产业化与装配化的可视化空间认知提供实现平台，为建筑师更好地把握空间尺度与建筑局部节点及细部提供了新的技术手段。

通过VR可提前对建成的材质和建筑细部效果作出判断

在VR中提前体验建筑材质和细部的效果

5.2.3 质感

建筑的材质、色彩及相应的建造技术有助于强化建筑的形象特征，并形成建筑空间的独特氛围。在建筑空间设计中，质感是设计的要素之一，对质感的认知与距离密切相关，从不同的距离观察建筑的材料可以得到不同的质感感知。在 VR 中能够截取离建筑不同距离远近的图片，比选不同材料带来质感差异的建成效果；建筑师进入 VR 空间中在特定的角度和距离体验 VR 环境中的质感，推敲如纪念性建筑、标志性建筑等相较传统的视线分析更为直观。

建筑也可在 VR 中对比建筑不同部分材质和颜色的搭配，如玻璃窗、外墙、檐口等，帮助建筑师更加客观地判断建筑适合的材质。质感的感官体验与不同材料、结构形式、空间凹凸关系、模板等相关联，如混凝土、面砖、涂料的质感有较大的差异，能够在 VR 中对比选取。

芦原义信的《外部空间设计》中曾提到，从距离混凝土墙面 60cm 处开始观察到 2.4m 处质感效果清晰，距离 20～25m 处质感就逐渐看不到了。材质中常用的纵向沟槽或斜槽沟等方式创造不同的纹理和阴影效果，建筑施工前在 VR 世界中提前将设计的纹理表达出来，便于建筑师和客户对建筑材质的选取确定。VR 世界对于建筑外部空间要素的设计有预判性的作用，为主观的设计创作增加客观感官体验场景。

建筑与基地间应当有着某种经验上的联系，一种形而上的联系，一种诗意的联结。

——斯蒂文·霍尔

5.2.4 地形

地形因素常常是建筑设计必不可少的考虑要素，在山地城市尤其重要。

建筑如何适合地形，城市中的建筑以怎样的姿态在高程差异较大的用地条件下展开设计，一直以来都是山地城市项目里建筑师所关注的要点。从前通常采用剖面和平面相结合的方式，分析控制建筑空间体量和高度等要素。在 VR 中我们能够建立与现实世界同样的模型，在设计初期的体量模型中以人本视角的高度进行体验。若项目基地位于旧城改造中的地段，在 VR 模型中建筑师能够更直观地分析项目与周边建筑环境之间的关系，便于更好地契合旧城的空间环境、建筑风貌与天际轮廓线，避免遮挡地形后排的建筑视线景观。VR 对于历史文化街区、历史文化遗产与历史建筑的保护提供了新的方式与手段。若项目基地中有水景与湖面等要素，或酒店设计中有无边界游泳池等，都能够在 VR 中身临其境地判断是否遮挡视线、是否有良好的视线景观等。

5.3 VR 空间感官认知设计

建筑学空间感知主要与视觉关系最密切，其次为听觉和触觉。VR 环境以视觉和听觉为主要接受信息源，触觉可以辅助信息的理解。从声学上能根据情境进行声音设计，不同的事件具有相应的伴音烘托气氛或氛围，也可以通过技术手段增强声音的真实感，利用三维立体音效可以模拟现实中的声音转换方式，实现听觉上的沉浸。这将辅助建筑学科中的建筑声学、建筑光学、建筑行为学等建筑科学领域的研究发展，为防灾的虚拟仿真研究等方向提供虚拟实验的条件，可能形成 VR 技术与建筑设计相关科研的交叉技术前沿创新性的研究成果。莫伯治的创作从人们在空间中的感官体验出发，通过空间序列、景物组合、文化意识等手法，诱导人们对大自然意境的联想和对空间的感情移入。汤普逊曾说过，建筑师的设计，必须对人们的喜悦或恐惧，孤独感或占有感，混乱与明朗，妥协与果断等加以调整。

“最佳光线”所强调的是光的质量而非其他要素。

——S. E. 拉斯姆森

5.3.1 VR 视觉感知体验

视觉感官方面有两个令人难以置信的结论：①颜色不是真实的，仅仅是一种体验，它是一个漫长复杂传导过程的最终体验；②外部世界的东西没有颜色，颜色是人们对各种波长的光的处理创造成的。表象世界的背后是无色、无声、难以捉摸的本体世界。人认识世界的信息中有 80% 是通过视觉提供的，视觉感知对外界信息进行的选择性加工，并不是被动的，而是表现为一种思维。广义设计的概念是一种将设计、规划、设想、问题解决的方法通过视觉表达出来的活动过程。

阿尔瓦罗·西扎的设计从场地开始描述一系列人眼睛里看到的建筑外部场景，他的草图只有两种类型，一种为描述俯瞰建筑体量，推敲的是建筑在环境中给人的实际视觉感知；另一种为人视高度的局部透视草图，在视觉中强化建筑的特征。人只在自己能感受得到的空间领域、在目力所及范围内感受建筑，西扎善于用视觉感知引导几何构成，他的建筑总是被设想为具有视觉感知意义空间簇的集合。他利用一系列相互独立的、几何上完形的房间形成建筑中基本、稳定而明确的空间视觉感。

设想在创作设计过程中，进入 VR 建筑模型空间站，在特定的空间节点观察感受空间领域，视觉感知体验将建筑师带入场景感，视线通廊移步异景的小品与景观设置将不会被想象力缺乏而困扰。当建筑师陷入思考或空间认知的困境时，VR 将为体验场景带来新的感受，这是此前用任何建模软件都不能达到的视觉感知效果。VR 技术正是提供沉浸式的视觉与空间感知的体验，适合建筑创作的需求。

“首钢三高炉”项目建筑内部
VR 视觉感知

建筑交通空间感受自然光彩变化

通过 VR 设备实现对建筑项目的
直观视觉感知

通过 VR 设备感知建筑空间中的
光影变化

“让光线来做设计”是贝聿铭的名言。光是世间万物表现自身和反映相互关系的先决条件，建筑与光历来有着极其密切的关联。“建筑是对阳光下的各种体量的精确的、正确的和卓越的处理”，勒·柯布西耶就这样赞叹过光对建筑设计和造型的重要作用。莱斯利·洛克曾研究西方话语中“光”的隐喻为视觉与理解的源泉，作为体验和想象建筑的媒介。自然光影让建筑空间更加生动，也使建筑形象传递出更为丰富的涵意。我们能够感知建筑光影的变化，将光影作为建筑设计的一大要素考虑，人在建筑中不断地感受到日光的变换对于建筑良好的采光和人的时间概念等都有正向的促进作用。

在“首钢三高炉”的水下展厅部分，设计师在展厅正圆中央处开启一个圆形的孔洞，把室外的主体建筑引入孔洞的视线，让室内外的景观相互交融，并在室内地面中央处设计圆形水景，以此呼应水下展厅的室外水体。光影能随着太阳一天中的日照变化在室内逐渐移动，VR 中的空间体验与环境之间的交互显得更加生动，且可巧妙捕捉。

展厅圆洞自然光影变化效果（一）

展厅圆洞自然光影变化效果（二）

展厅圆洞自然光影变化效果（三）

展厅圆洞自然光影变化效果（四）

5.3.2 VR 听觉感知体验

声音是我们接受信息最前置的信号，建筑声学通常分为积极的声音与消极的声音，积极的声音如流水声、鸟鸣声等能为人们在环境中带来愉悦的体验；消极的声音如车辆、机械的噪声等会使人们产生负面情绪。VR 中听觉感知的价值在于能够辅助设计例如观演建筑等，如在 VR 建筑模型中赋予室内空间墙面材质为吸声材料，通过设定不同音量的声源进行声学实验模拟，VR 中的声源可设置根据距离的增加而逐渐地衰减，实验用以判断不同材料在空间中的适用性，这将是辅助建筑声环境设计的有效实现路径。

5.4 VR 空间行为体验分析

赫伯特·西蒙曾提出设计过程是寻找、搜索、生成备选方案的过程和检验、评价、抉择设计方案的过程，即是由生成和检验所构成的循环过程。设计师在建筑设计实践时利用 VR 硬件和软件沉浸式体验地创作设计，解决了传统建筑创作仅能以“局外人”的非人本视角观察建筑，并能够在体验中更好地完成建筑方案的循环推敲过程。VR 为建筑师带来不同于传统建筑创作手段的视觉感知体验、空间尺度感知，更利于建筑师对建筑细部尺寸、材料等基本要素的把控，为建筑产业化工业化发展过程中要求的建筑精细化设计提供技术媒介。

人的行为是建筑空间的重要组成元素，由于人的行为难以量化描述，设计师往往采用较为宏观的功能分区、人行流线等主观的方式来设计空间的使用方式，或仅依据规范中的人体尺寸来设计空间难以从真实的用户行为需求出发进行设计。因此，常常出现建筑建成后真实功能空间的使用方式与最初的设计意向相去甚远的情况。VR 技术不仅可以模拟空间体验，更重要的是可以将诸如路线、停留时间、视线、特定交互行为等信息进行完整的监控、记录、统计。VR技术作为连接用户行为和虚拟数字信息的桥梁，为如何将人的真实行为引入到建筑设计中提供了全新的可能性。

在建筑方案创作设计过程中，VR不仅能够辅助建筑师进行主观感知判断，未来也能够借助相关科技设备实现建筑方案的定量化分析实现，如用户行为热度分析、用户关注度分析等。通过对用户行为和关注度的实验，获取实验结论反馈建筑创作，为真正实现以人为本的理念增强科学性。科学理性的分析、有效的沟通与及时反馈能够高效快捷地优化建筑方案，达到建筑师、业主与最终使用者三方较为满意的建筑设计方案。利用VR软件Mars可实现在建筑空间模型中的仿真研究，为建筑设计实践带来研究方法的革新。也可实现VR空间中的动态模拟，如设定人行走或奔跑的速度、人的数量等要素，通过动态模拟观测人在空间中的行为，评价建筑空间是否适宜人的日常生活、功能使用，是否满足消防疏散等要求。

穿戴VR设备沉浸式体验建筑空间

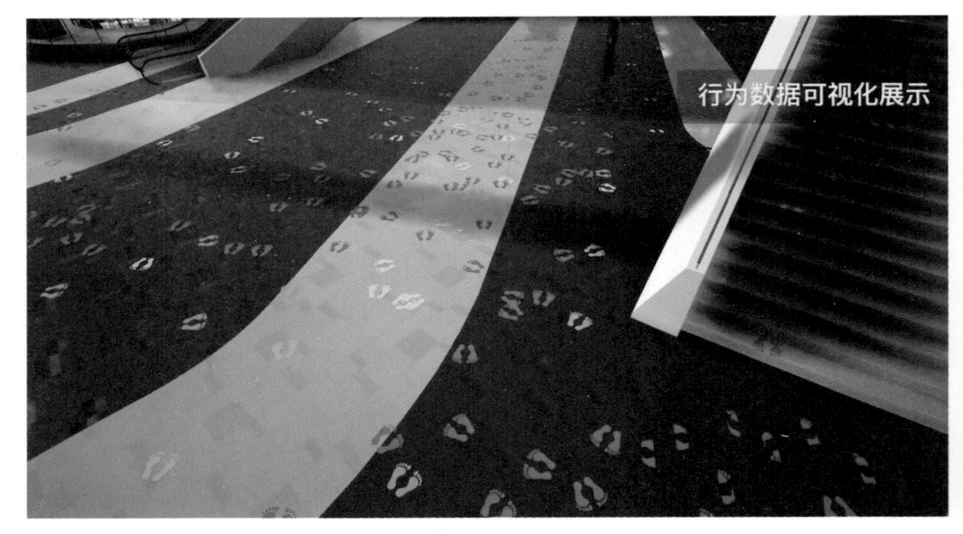

VR 行为实验可视化分析

在用户关注度实验中，计算机系统可实现对人眼球转动的关注，计算机摄像头可自行追踪人在行动中的眼球运动。VR 设备也能追踪获取眼球运动的信息，判断用户的状态和需求并响应，理想的 VR 使用状态是用户通过转动眼球、眨眼睛、注视就能控制设备。目前通过相应设备主动向虹膜投射红外线的方法较为精准，搭配夜视摄像头采集捕捉反射光提取特征。VR 的眼球追踪识别技术对于建筑学的价值可用于用户行为实验，设定一定数量的用户进入建筑方案的 VR 建筑空间中，用户可在建筑空间内自由的行走活动。假定实验测试的目标为：你认为这个建筑方案中较舒适的空间或设计得比较好的空间。通过获取平台中用户在不同空间位置停留的时间和眼球关注的空间环境数据，进行数据比对分析可获得测试目标的实验结论。结合用户对于建筑方案的主观意见反馈或采用问卷调查的形式获取实验信息，这将是满足实际用户需求做到以人为本的设计理念中有效的实验路径，对于方案的优化改进完善提供了更加科学客观的支撑。

第6章　VR备忘四：提升设计方案信息传递的效率

“开始的时候，我们创造工具，后来它们造就我们。”

——马歇尔·麦克卢汉

传统的二维图纸、三维模型、效果图和动画的表达方式，难以将建筑方案的三维空间信息无损地传递给业主或用户，这是双方沟通与交流的图解媒介障碍。如今可采用 VR 的空间认知方式，将降低业主或大众的认知门槛，提升设计方案信息传递的效率，进而提升工作效率缩短设计周期。

人们认为建筑学科认知门槛较高，具有较强的专业性，看不懂建筑图纸。图纸通常仅能作为业内人士交流的媒介，其解码过程成为大众或用户认知建筑空间的门槛，这是造成建筑师与甲方或用户沟通障碍的原因之一。二维图纸与三维空间转换的空间认知能力是建筑学科培养人才的首要任务，建筑师也习惯采用二维图解的方式对建筑功能空间布局、形式构成及流线组织用“平、立、剖”做专业性表达，建立空间模型以推敲建筑体量关系与造型特征。进而通过多人的协同配合完成汇报需要的表现图和漫游动画，可以说，建筑师的表述、表现图和漫游动画的质量在一定程度上决定了汇报的成败。

因表现图和漫游动画是建筑方案三维空间的直观表达，非专业的业主理解起来较为容易，建筑师通常需要花大量的时间与业主交流方案设计二维图纸的内容，业主却只能根据建筑师语言的描述间接地了解设计意图。在这个交流沟通的过程中，时常存在信息传递不充分等问题，或者业主没有真正地理解建筑师意图的情况。业主由此提出相应的意见让建筑师修改方案，在一轮又一轮的汇报、沟通、交流的过程中，建筑师不断地与业主博弈，而戏剧化的结果可能会是业主让建筑师改回到最初的方案……这很大程度上是因为双方沟通交流的效率低下、效果不佳等因素。

如何提升双方沟通交流的效率，让设计方案信息无损地传递到业主的头脑中，让业主充分地认知设计方案是建筑师们的责任和必要的工作。VR 科技进步及相应软件的开发，使我们有了全新的多维可交互的汇报模式辅助建筑师更清晰地表达设计思路和意图，更有利于说服业主，为双方的交流与讨论创造良好的条件。例如 PC 漫游、三维（3D）立体投影、全景视频、全景故事、VR 沉浸式体验、AR 体验等方式，建筑空间信息的传递由此变得高效、快捷和全方位。建筑师可根据不同场景和不同方案阶段制订相应的体验式汇报策略，便于更好地传达方案信息。当业主参与体验 VR 建筑空间时，建筑项目的各种信息都能在人本视角被了解、被感知，这对于清晰表达空间设计方案、提升沟通交流的效果有巨大的促进作用。在 VR 等科技支持下，大众也能轻松地理解建筑图解所对应的空间感，能够通过体验感知来表达自我的诉求。或许随着硬件的迭代更新，“公众参与”“人人设计”的时代将更快地来临，我们都期待着那天。

6.1 “Mars + VR”——真实高效多样化地表达

20 世纪末建筑设计领域受到科学技术发展的冲击，注重采用结构技术表现的手段创作，例如蓬皮杜艺术中心、香港汇丰银行等建筑，技术美学、结构技术、数字化、类型学等已成为现代建筑师表达方案设计理念与情感的手段。新表现主义的思潮产生于 20 世纪 80 年代，它是对现代主义建筑批判性的反思，表现在复杂性科学的兴起、VR 数字技术的发展、非线性建筑美学塑造有机的建筑形态等方面，典型成果有弗兰克 · 盖里设计的古根海姆博物馆、扎哈 · 哈迪德设计的银河 SOHO 和广州歌剧院、马岩松（MAD）设计的鄂尔多斯博物馆等。

建筑创作与表现密不可分、不可偏废，在创作中表现，在表现中创作。建筑师采用象征、隐喻、符号化等设计手法创作建筑空间形式，运用直觉与情感将概念表达出来，创作与表现是建筑师理性与情感两种力量的平衡博弈。现代建筑的表达通常具有现代主义的基本原则，例如建筑的科学性、技术性、经济性、逻辑性、整体性、时代性等。建筑的表现也是建筑的表情，建筑应有一种“恰当、自在的表情”。布正伟先生曾提出“游离重构”的建筑表现手法和有效系统的设计手法共同构成建筑表达的手段，从形态、构成材料、尖锐的角、圆滑的弧、引入洞和跳跃的色彩等方式表达建筑的设计概念与情感。

建筑的体量、空间构成关系、形与线、空间的虚实和光影、色彩与质感等设计要素常通过表现技法表达出来，当今建筑设计通常采用计算机软件建模表达，如 SketchUp、Rhion、Lumion、VRay、Mars 等建模与渲染软件，表达建筑的设计概念与风格造型。最新的渲染软件更能够真实、精细化地表达出建成后的实景效果，传统的表达方式已不能完全满足建筑师的精细化设计及行业周期短、周转快等特征，Mars 软件的诞生恰好弥补了建筑师创作、表达与汇报的各种现实需求，能够为建筑师实现建筑方案所见即所得的真实感、高效快捷地实时渲染和丰富多样化的表达方式。

6.1.1 所见即所得的真实感

在传统的建筑实践过程中，建筑设计表达通常由效果图公司或设计师自己来完成。效果图公司对建筑方案表达是否准确、是否符合建筑师的想法取决于效果图公司人员的能力素质及与设计师沟通的情况。效果图最终表达的建筑方案空间环境通常与实际建成后有较大差异，效果图通常仅仅是效果展示的手段，而不是表达设计方案建成后的真实效果。随着 Mars 软件不断地更新迭代，从操作便捷性、软件的兼容性、使用的连续性等方面来满足建筑师与行业的需求，Mars 中的植物、材质、家具等资源库的完善将进一步促进建筑方案表达的真实质感。

在 Mars 软件的建筑模型中赋予市场现有的材质，稍作处理后在 VR 中体验该材质、色彩与建筑的关系，Mars 中渲染表现的实时效果几乎能与真实建成后的真实场景媲美。这对于建筑的外立面材料和颜色的把控、建筑室内设计装修风格的选取、细部的确定均有较大的帮助。在 Mars 中可对材质以及组件进行编辑，可在汇报现场更换材质比选方案，材质资源包括属性、商家信息、植物的生长习性等档案信息，这些资源库的建立便于建筑建成后的运营、维护与管理。

“都设”西北湖双玺项目（外景实拍）

“都设”西北湖双玺项目（Mars 外景实时截图）

Mars 软件中也能够设定项目真实的地理位置，由此可呈现项目真实的太阳轨迹和日照情况，辅助设计师便捷地进行夜景照明设计。软件中的灯光会在夜晚时间自动亮起，建筑师和业主能体验建筑在不同时间段里呈现的效果。Mars 的 VR 端能够以成人或儿童的视角，从不同角度全方位地认知建筑，也可从远距离到近景参观 VR 建筑方案建成后的外部环境，更直观地体验建筑创作与表达的空间体量关系、内部空间感等。建筑师能与 VR 世界的空间环境进行互动，在体验的过程中进行交互式的表达与再创作，在 Mars 的 VR 端模拟建筑建成后真实的室内外空间效果是精细化设计与表达的有效方式。在 VR 等新技术快速发展的背景下，真实的效果能让建筑师更客观地判断建筑方案的尺度、细部、材质等要素，更加直观地获得环境和光影等真实场景的感受。

Mars 中真实灯光效果

在 Mars 中设定项目真实地理位置

6.1.2　高效快捷的实时渲染

建筑学科随着时代的发展和技术的迭代更替而赋予了新的内涵与表现形式，如 Mars 能帮助建筑师在空间设计模型完成后进行简单处理直接输出建筑设计表现图、VR 全景图及动画视频等。通过 SketchUp、Rhino 等模型的完善与Mars平台素材的处理，即能实现“所见即所得”的建筑设计表现图，无须再进行传统的效果图制作，从而节省了设计师的时间、提高了设计效率、缩短了设计周期。Mars 的动画录制提供了多轨录制方式等功能，在清晰度方面也提供了 25FPS、30FPS、60FPS（Frames Per Second，每秒刷新帧数）多种选择。由于是实时渲染，录制 10s 动画输出仅需 1min 左右，大大节约了时间，可以把更多的时间留给创作。除了可以实时输出效果图、三维动画外， Mars 还可“一键”输出全景动画，将传统三维动画再次升级。Mars 资源库拥有 2443 种不同类别的高精度材质，及 4546 个室内外模型。所有材质均可对纹理尺寸、方向、颜色等参数进行高级编辑；通过可视化的参数调节，实时显示，所见即所得。

VR 作为辅助建筑方案表达叙事的新手段，设计师能够以一天中人在建筑中活动路径为线索串联不同的空间，在 VR 空间中辅助叙事，在叙事过程中记录行径路径与观察视点输出动画视频。Mars 软件能生成建筑的 360° 全景图，让业主带上眼镜就能够观看与体验预览设定建筑场景的全景效果。

a）早晨

b）正午

不同时间、不同季节与

从理论上来讲，实时渲染的本质就是图形数据的实时计算和输出，相比传统效果图制作输出的时间大幅缩短，为建筑师节省了宝贵的时间。从模型导入到最后效果制作，高效生成多样化的表达方式为建筑师提供丰富的表现手段。

c）晚上

d）夏季

气候的建筑环境表达

e）冬季

f）雪景

不同时间、不同季节与气候的建筑环境表达（续）

“表达的本质”

在建筑设计师的日常工作中，最重要的就是沟通，这既包含设计部门内部的沟通，也包含和外部合作方、业主方的沟通。为了传达清楚具有“三维属性”的建筑信息，设计师会通过图纸、效果图、动画等方式，对自己的设计方案进行“转译”。但在“转译”过程中，时常会出现沟通效率低下、信息衰减的情况。而表达的本质实则就是“信息的传递”。Mars 将 VR 应用于建筑设计中，使建筑师头脑中的空间信息，以第一人称视角的形式，“零衰减”地传达给业主方，省去了“转译”的过程，打破了空间、经验及专业知识的限制。

6.1.3　丰富多样的表达方式

在 VR 中建筑师能充分地利用 VR 技术的沉浸感和互动性将传统的静态实体表达转化为动态实境表达。VR 能提供三维立体的可视化表达方式、制作 VR 全景动画全方位地体验建筑空间环境。VR 将作为沉浸式的虚拟数字媒介新技术手段，辅助建筑师更完整地表达设计概念，完成建筑整体与局部的统一设计，让建筑室内、外空间与环境完美融合。Mars 丰富的表现效果和快捷的实时输出高清表现图，能为建筑师带来更多的创作灵感，节省更多的等待与表现的时间，带来更好的创作与表达的感官体验。

6.2　VR 汇报——多维可交互地传递价值

建筑设计是一个多方决策的过程，需要通过多次的讨论会议确定建筑方案的关键细节，传统的交流方式对于建筑空间的描述与信息的传递存在一定障碍，影响多方在汇报过程中的交流及决策。美国建筑设计公司 NBBJ 和初创创业公司 Visual Vocal 共同打造了一个供设计师使用的平台，通过 VR 技术让设计项目协同和决策过程更简单。建筑师将三维模型应用到虚拟空间中，设计师会给客户提供多个设计方案选项，客户通过身历其境感受不同的设计方案，抉择最佳选项。建筑师可利用 VR 技术的硬件与软件开展方案汇报，在汇报现场即刻穿戴 VR 设备进入方案实时体验建筑空间。VR 中的每种汇报方式都比传统的二维汇报方式多了一个维度的信息，如全景图比普通的效果图多了全景的维度，动画变为三维立体动画，静态的汇报变为动态的汇报等方面，让汇报的维度全方位地升级。也可在汇报现场交互体验式地对建筑要素进行实时修改，极大地提升了双方交流沟通与修改完善建筑方案的效率。

6.2.1 多维——VR 汇报方式维度提升

“多人”“多端”“异地”“同步”

Mars 增加了“多人、多端、异地、同步”的汇报交流模式新功能，能帮助设计部门多方合作的项目在同一虚拟空间进行交流与方案汇报。利用“异地、同步”功能，建筑师和业主只需同时戴上 VR 设备，辅以语音通话功能，设计师与业主方就能在虚拟世界中面对面地讨论方案的场景。所有人在场景中都可以自由走动，当需要讲解时，能将大家集中在一起针对特定位置的空间节点或细节进行讨论。在异地协作沟通过程中，也无须担心业主方随意走动或操作失误，在 VR 中还提供了“召回”功能，建筑师可以将在线用户“一键”集中到目标地点，在指定节点进行汇报讲解。

汇报过程中，Mars 将会对进入场景的人数进行统计，形成 VR 端的行为大数据，针对每一个人的走速、方向、停留位置、视线位置及时间节点做记录分析。在汇报的过程中可利用“传送门”功能，在不同的项目模型间跳转，有利于讨论比选项目方案。Mars 的“传送门”功能还可用于大小场景切换、室内外切换、对比方案切换、节点做法表达、BIM 展示等。

光辉城市
SHEENCITY.COM
Mars

VR建筑设计指南

VR建筑设计没有用地限制

在VR世界中，人类将不会被限制在某个表面上，人类的建筑活动将得到无限的延展，空间将被全方向地利用，用地面积的概念将不复存在。取而代之的是三维空间本身的大小限制、VR世界存储容量的限制以及网络带宽的限制。

VR建筑设计没有结构限制

在VR世界中，任何几何意义上的建筑元素都可以单独存在，建筑将不再需要结构支撑。我们可以利用点、线、面随意地构建所需的建筑空间，实现所需的空间功能。建筑的空间形式得到了真正意义上的解放。

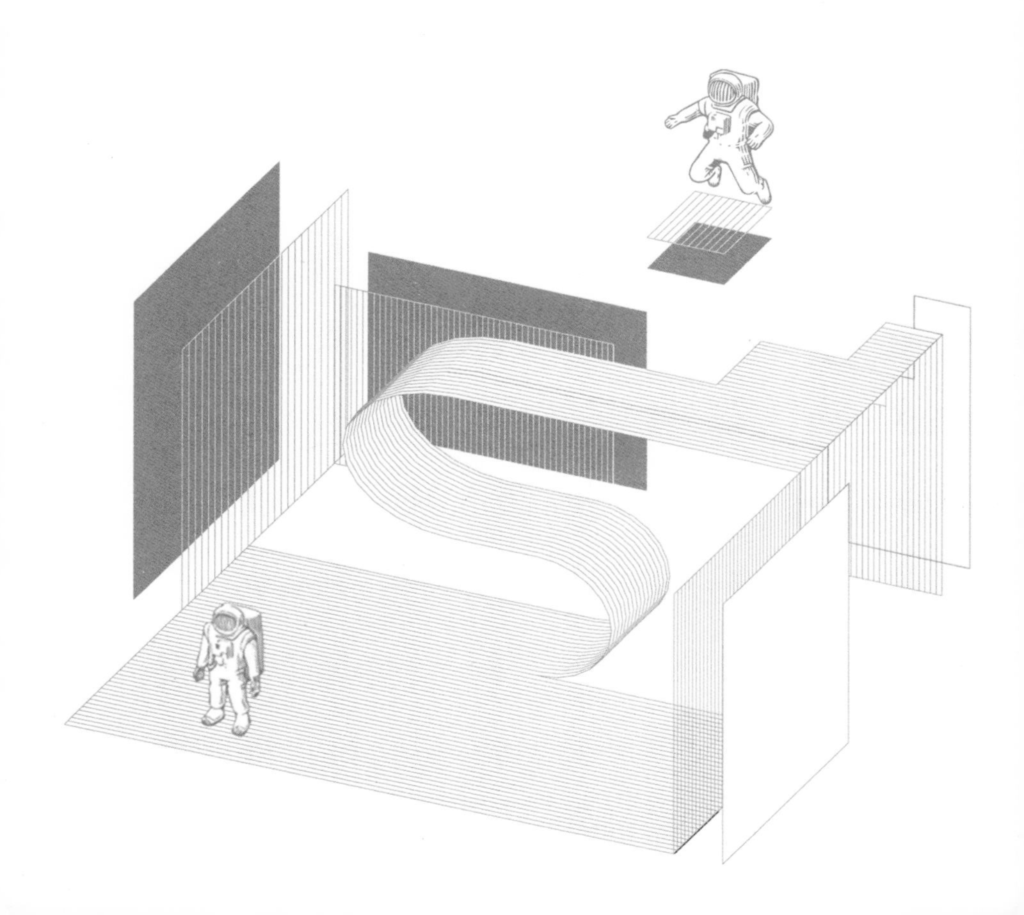

VR建筑设计没有流线限制

在VR世界中，人们可以直接从一个空间跳跃到另一个空间。交通流线将失去其功能性意义，只留下体验上的存在意义。流线空间的塑造将仅仅为空间体验服务。

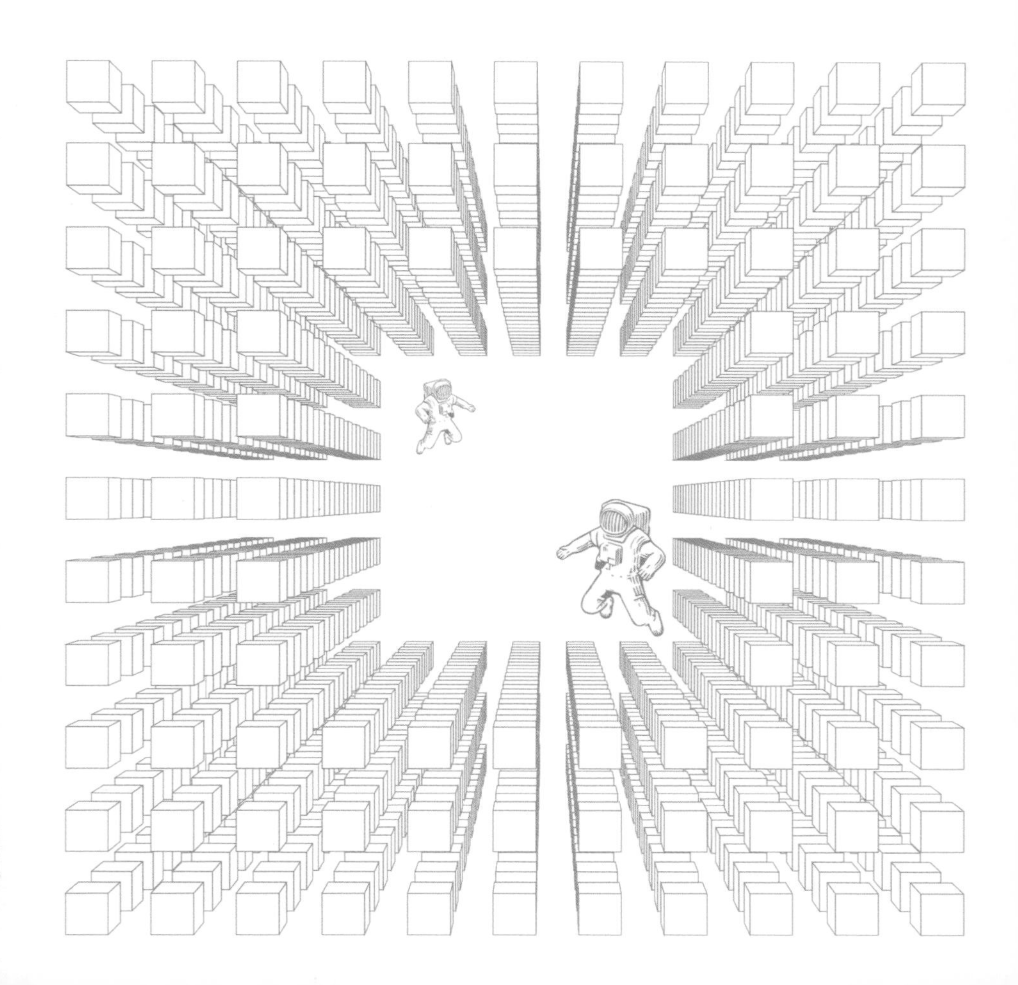

VR建筑设计没有安全限制

在VR世界中，人身安全需求将不再被重点考虑。人们只需要考虑人的心理需求和视觉需求，建筑将变成纯粹的心理和视觉体验。

在汇报阶段利用 VR 直观地感受建筑空间，打破了以二维 PPT 汇报时图片展示或观看视频动画带来的疏离感，减少汇报阶段的信息丢失，最大限度地传达建筑师的空间设计思想。将甲方或业主对空间的认知水平提升到同一个层面进行沟通交流，在一定程度上提升了建筑师方案设计的话语权，同时多方能够及时地发现问题将建筑方案深度推进。VR 将改变人们对时空的认知感，“多人、多端、异地、同步”的功能跨越了地域的限制、提升了不同城市设计师之间交流的效率，为业主和设计师带来更多的便捷性。

人的思维很容易固化，更愿意相信直觉，喜欢熟悉的东西和人，长此以往，很容易把自己停留在舒适区，对危险和机会同样视而不见。

——“罗辑思维”

光辉城市系列产品提供了多种硬件组合方案应对不同应用场景（表 6-2-1），Mars 帮助建筑设计师在汇报环节创造了多维度、跨越地域和时空的汇报方式，可多方合作参与汇报过程，同时进入 VR 的建筑空间，最大限度地无损传递建筑方案价值。

表 6-2-1 Mars+VR 汇报应用场景

汇报方式	设备组合	应用场景	汇报特点
PC 端漫游汇报	PC+ 投影机	正式方案汇报	PC 漫游的操作类似游戏，可通过快捷键切换预存场景效果与动画播放，可实时与画面内容进行互动和编辑修改，实现全新可交互式的效果图和动画汇报
VR 沉浸式体验	PC+VR 设备 + 投影	小范围、重要客户沟通	Mars 支持“一键”进入 VR 场景，在创作阶段就能够体验到项目建成的真实效果，在 VR 中沟通有效避免信息衰减，达到多视角多角度沉浸式的项目体验

（续）

汇报方式	设备组合	应用场景	汇报特点
三维（3D）立体漫游	PC+“3D”立体投影机 + 快门式“3D”眼镜	多人方案汇报	Mars 的场景可直接导出“3D”立体漫游场景，借助“3D”立体投影机投影，用 3D 眼镜直接观看三维立体效果的方案，配合快门式眼镜增强漫游立体体验沉浸感
全景故事	智能手机 +VR 眼镜盒子	任何场景	传统汇报文本的升级，实时输出高清全景图，配合 Venus“一键”生成二维码快速分享，全方位展示方案，便于传播展示
全景动画	PC+ 全景视频播放器 / HTC Vive	正式方案汇报；汇报地点面积紧凑	类似 VR 逼真效果，设备便携。可按固定路径展示，预存展示的节点，可 720° 观看。极速输出高清全景动画，实现可自主选择观察角度的精湛动画
AR 体验	智能手机 +AR 图纸	文本展示的汇报场景	通过下载手机体验端，将二维平面图纸转化成三维可视模型，从而更直观、高效地汇报展示

1. PC 端漫游汇报

实时渲染、无须输出，计算机端（PC 端）漫游汇报过程中可采用快捷键切换场景效果与播放动画，也可实时与画面内容进行互动和编辑修改，实现可交互式的效果图和动画汇报。PC 漫游如同游戏一样，可以切换成人行模式，控制人物转向、跳跃，甚至是瞬移；也可将人物切换成儿童，以小孩的视角去看建筑的效果；鼠标的滚轮可以隐藏人物。但如果想看建筑的整体效果，也可切换到“飞行模式”。

设备组合：PC+ 投影机。

应用场景：正式方案汇报。

汇报特点：相比传统的效果图和视频动画，Mars 利用场景预存功能，预存展示的节点，可直接展示方案的单帧和动画的动态效果，方便在 PC 环境下漫游体验，且可随时对场景进行互动和修改。

2. VR 沉浸式体验

Mars 支持“一键”进入 VR 场景，可以达到多视角、多角度沉浸式项目体验，不仅支持 VR 端的材质和配景编辑，多人 VR 远程汇报、多人语音，更是加入了 VR 场景的测量和标记功能，方便在 VR 体验过程中随时做记录。

设备组合：PC+VR 设备 + 投影。

应用场景：小范围、重要客户沟通。

汇报特点：在创作阶段就能够体验到项目建成的真实效果。

3. 三维（3D）立体漫游

给多人同时汇报方案时，可以选择三维（3D）立体投影汇报的方式，“一键”切换“3D”立体电影效果，需要“3D”投影仪以及“3D”眼镜的配合，它的原理是将左右两个画面叠合在一起，从而在大脑形成三维的效果；在三维模式下依然可以进行漫游，感受空间尺度。

设备组合：PC+“3D”立体投影机 + 快门式“3D”眼镜。

应用场景：多人方案汇报。

汇报特点：Mars 的场景可以直接导出三维立体漫游场景，只需要借助“3D”立体投影机进行投影，就可用“3D”眼镜直接观看三维立体效果的方案，配合快门式眼镜增强漫游沉浸感，方便多人场景的方案汇报，同时也能进行立体体验。

4. 全景故事

全景故事汇报方式，用 Mars 实时输出高清全景图，配合 Venus 制作成全景故事，只需要通过二维码快速分享，用手机、“平板”等简单的设备都能进行全方位方案展示，能观察任何一个细节。

设备组合：智能手机 +VR 眼镜盒子。

应用场景：任何场景。

汇报特点：传统汇报文本的升级，实时输出高清全景图，配合 Venus“一键”生成二维码快速分享，便于传播展示。

5. 全景动画

全景视频体验汇报方式用在展览和公开展示场合极有优势。极速输出高清全景动画，通过便携 VR 设备，体验者可以按照设计师设计好的路线体验，不需要动手操作，轻轻松松地实现沉浸式体验。

设备组合：PC+ 全景视频播放器 / HTC Vive。

应用场景：正式方案汇报；汇报地点面积紧凑，不便于 VR 设备搭建。

汇报特点：拥有类似 VR 的逼真效果，设备便携。可按固定路径展示，预存展示的节点，可 720° 观看。极速输出高清全景动画，轻松打造可自主选择观察角度的精湛动画。

6. AR 体验

Mars 企业用户可享受 AR 文本定制服务，将三维模型、视频等虚拟信息与真实空间场景进行无缝结合，实现传统二维文本的三维可视化 / 可交互升级，方案的展示更直观与全面，适用于需要文本展示的汇报场景。

设备组合：智能手机 +AR 图纸。

汇报特点：通过下载手机体验端，将二维平面图纸转化成三维可视模型，从而达到更直观高效的汇报展示。

6.2.2 可交互——VR 提升信息传递效率

建筑汇报是建筑设计流程中必要的环节，通常在正式的场合进行，建筑师需要对项目概况、设计理念和项目的设计内容等进行全面的汇报，与业主进行不同阶段的沟通交流。建筑项目的信息传递是汇报的主要内容，传统的汇报方式大多采用 PPT 和动画视频的方式，VR 的汇报能够利用“虚拟现实”的特征，建筑师也可以利用 VR 表达全景动画及全景图等效果，使业主能够全方位地了解建筑项目的信息。VR 汇报的方式相较传统汇报更加生动活泼，汇报过程中随时沟通停留、记录、各角度观察，还可更换材质、资源，调节天空、照明情况等，业主在 VR 中体验建筑空间也更能够理解建筑师创作的空间要素，获得情感上的共鸣。

突破视角限制实现第一人称的视高和全方位的空间感知，设计师可在方案汇报的准备阶段预存多条叙事路径的 VR 漫游视频，如从建筑入口进入空间展开各种功能空间的行走路径，在汇报时让用户或甲方在 VR 空间体验中加深对建筑方案的认知程度。设计师对方案的空间、局部及节点的精心准备，以 VR 的方式汇报更加直观、精彩，也更容易被非专业人士的用户或甲方认知接受。

a）建筑节点位置选取

b）预存叙事路径

建筑节点空间与

此案例为：澳大利亚 IAPA 设计

c）建筑外部空间环境

d）庭院节点透视

叙事路径的表达
顾问有限公司，拾得大地幸福实践区

e）庭院节点空间透视

f）庭院节点透视

建筑节点空间与叙事路径的表达（续）

VR 技术具有交互性的特征，利用此特征能够在汇报期间实现业主与建筑师在 VR 中同步交互，可对建筑要素进行标记，对空间环境的植物种植等进行实时修改，提升了信息传递的效率。传统的建筑方案汇报常采用 PPT 和漫游动画视频相结合的方式，用户或甲方在认知方案时为非人本视角，存在建筑图纸认知门槛较高的问题。VR 将在一定程度上解决传统建筑汇报存在的困境与弊端，在 VR 辅助表达叙事的建筑表现基础上，利用 Mars 进行多维度的方案汇报，如使用“3D”眼镜观看建筑空间的立体效果、使用 VR 设备沉浸式体验建筑全景与室内外空间环境。建筑师在方案汇报时运用 Mars 在 PC 端漫游汇报、VR 端沉浸式体验，并结合三维立体漫游、全景故事动画等多维度地表达建筑设计概念，促使建筑师与用户或甲方更高效地沟通交流。

1. 在场景中交互

在虚拟的建筑三维空间中，可以实时地切换不同的方案，在同一个观察点或同一个观察序列中感受不同的建筑外观，业主等多方可以带上“数据手套”等交互设备，与建筑物体进行互动，提升项目决策的效率。在汇报的过程中可以用 Mars 演示场景功能：演示同一角度不同时间、不同季节的气象效果，调整光照角度。根据需要可以预设若干场景，就像做了多张效果图，使用快捷键切换不同角度，表达多种空间效果。与传统效果图相比，场景增加了动态的维度，树有风动效果，光影也可以随时调节。场景不仅记录角度，还保存气象效果，使汇报更加地生动。

首钢三高炉项目上午的日照

首钢三高炉项目项目夜间照明

2. 测距交互

Mars 增加了智能测距、讨论标记、材质更换等功能。在场景中，设计师还可以使用智能测距等功能，使用者对于不确定的进深、面宽等尺寸数据便唾手可得，材质编辑功能会让用户快速得到想要的效果。Mars2018 中 VR 端的测距功能，包括智能测距、激光测距及标注测距这 3 种模式。

智能测距：可以自动捕捉两点间的距离。

激光测距：按动手柄发射激光到目标点，即可测出目标点到手柄的距离。

标注测距：像卷尺一样，选取一点，拉动手柄，到另一点停止，即可测出两点距离，同时还可以对模型进行标记。

智能测距

工具—测距
1192.7 cm
智能测距
激光测距
标尺测距
标记
测距
相机
返回PC
1192.7 cm

激光测距

智能测距
激光测距
标尺测距
标记
测距
相机
返回PC
工具
编辑
联机
工具
浏览

标尺测距

6.3 Mars助战10天院落改造设计[⊖]

10天，这是从接到任务到汇报方案的总时长；项目是一个样板院子的改造设计，在有限时间内，“搞定”一整套效果图和VR漫游。Mars作为带你走进未来的设计工具和多维可交互的汇报工具，到底能在你的设计环节中派上什么大用场？今天，我们用实例和实力说话。资深建筑设计师老龙，一位有超过20年的建筑设计行业从业经验，主持过多家国内一流地产企业开发项目，除此之外还经常遇到不怎么正常的设计项目，比如今天要讲的这个从零开始出设计方案的项目，看看他是怎么样用Mars在10天的有限时间内完成任务的。

项目经多轮修改后，最后像单纯恢复原来老建筑了。但是可以看出，Mars在小场景的表现是非常给力的，对于小型的事务所来说，往往SketchUp模型建得很细致，这样很适合Mars使用，而且同时可以把效果图及动画的成本节省下来，还是相当有吸引力的。

【设计背景】西南某小城，定位为旅游城市，将其保留较好的古城（1/4面积）改造升级为历史街区。因时间紧张，在正式全面启动前，需要做一个样板院子的改造设计，从接到任务到汇报方案，总共时间只有10天。

⊖ 本文作者为龙涛江。

设计范围平面图

【第一天～第二天，现场测量整理】现状比较破乱。用地内有三栋需要保留的建筑，需要修复。其余用地的现状建筑破败且多为违章乱搭建的房屋，需要拆掉重建。

现场调研照片

具有当地特点的建筑细部

【第三天——构思】当地是自古以来商业城市。其传统民居是前店后院的“街院”，从形制来看是至少“两进”的院落，“前店后宅”，但这并不是封闭的四合院，而是用“大朝门”这种半公共通道，将封闭的居住后院、前店与开放街道联系起来，可说是具有本地特色的生活空间。每一个“大朝门”就是一个半公共的街坊生活空间。街道是城市记忆，街院的“大朝门” 是生活记忆。

因为场地本身要保留 3 栋老建筑，故设计要保留旧屋，恢复街面建筑，打散中间的乱搭建建筑，重组建筑体块，置入新功能。这些散碎的空间用新的“大朝门”的半开放公共空间串联起来。简言之，就是“保留 + 重组 + 植入”。用“院落重构”“融入街区”“植入激活”的方式更新这个街院。以此为基础，展开设计构思，寻找契合院落的改造方式。

【第四天 ~ 第五天——方案演进】

在前一天草图的基础上，快速推敲几个可能方向。不断演进，最终确定方案四的方向。这期间，还发生一个小小意外，将另一个相邻院落加进来，扩大用地达到（最终的）796m^2。

方案一

- 景观廊道贯穿整个院落，空间引导性强；
- 新建建筑以小体块为主，功能灵活。

- ✕ 历史建筑未德到保留，违背上位规划；
- ✕ 体块零碎，院落空间完整性较差；新建建筑机理与传统历史街区不符合。

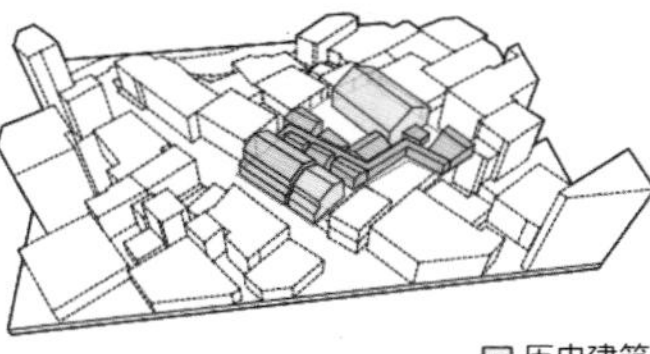

方案一

方案二

- 院落空间完整，结构与现状吻合；
- 景观廊道贯穿整个院落，流线清晰；
- 建筑总图遵循传统历史街区建筑机理。

- ✕ 历史建筑未德到保留，违背上位规划；
- ✕ 与东北角院落的关联性较差。

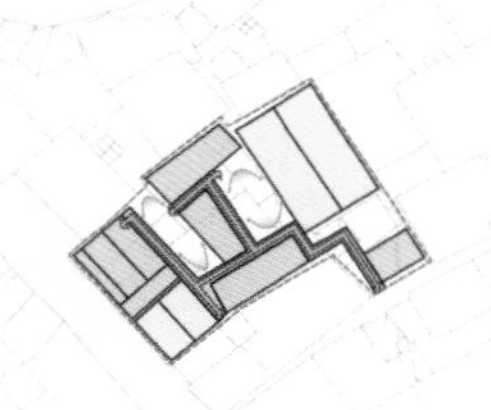

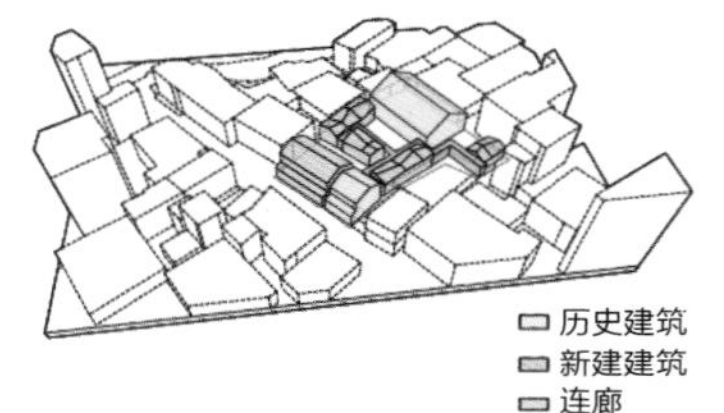

方案二

方案三

- 结合上位规划，将东北角院落纳入设计进行整体设计；
- 院落空间完整，空间结构与现状吻合；
- 景观廊道贯穿整个院落，流线清晰；
- 建筑总图遵循传统历史街区建筑机理。

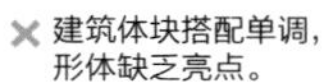

- ✕ 建筑体块搭配单调，形体缺乏亮点。

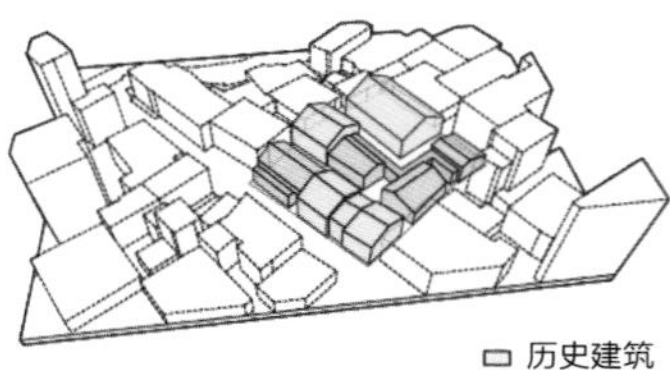

方案三

方案四

建议实施方案

- 结合上位规划，将东北角院落纳入设计进行整体设计；
- 院落空间完整，空间结构与现状吻合；
- 建筑总图遵循传统历史街区建筑机理。
- 新建建筑形体丰富，形成院落设点。

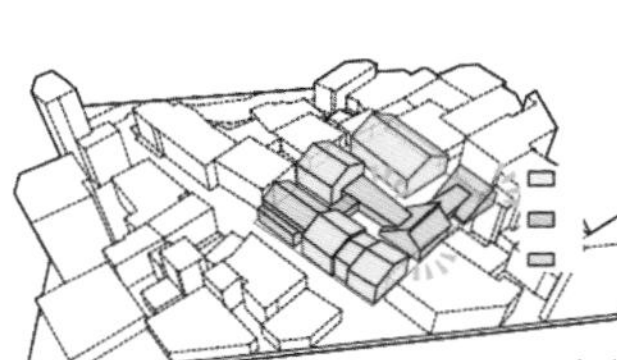

方案四

【第六天确定设计】

将方案四细化，开始确定“平面”“立面”及细节。

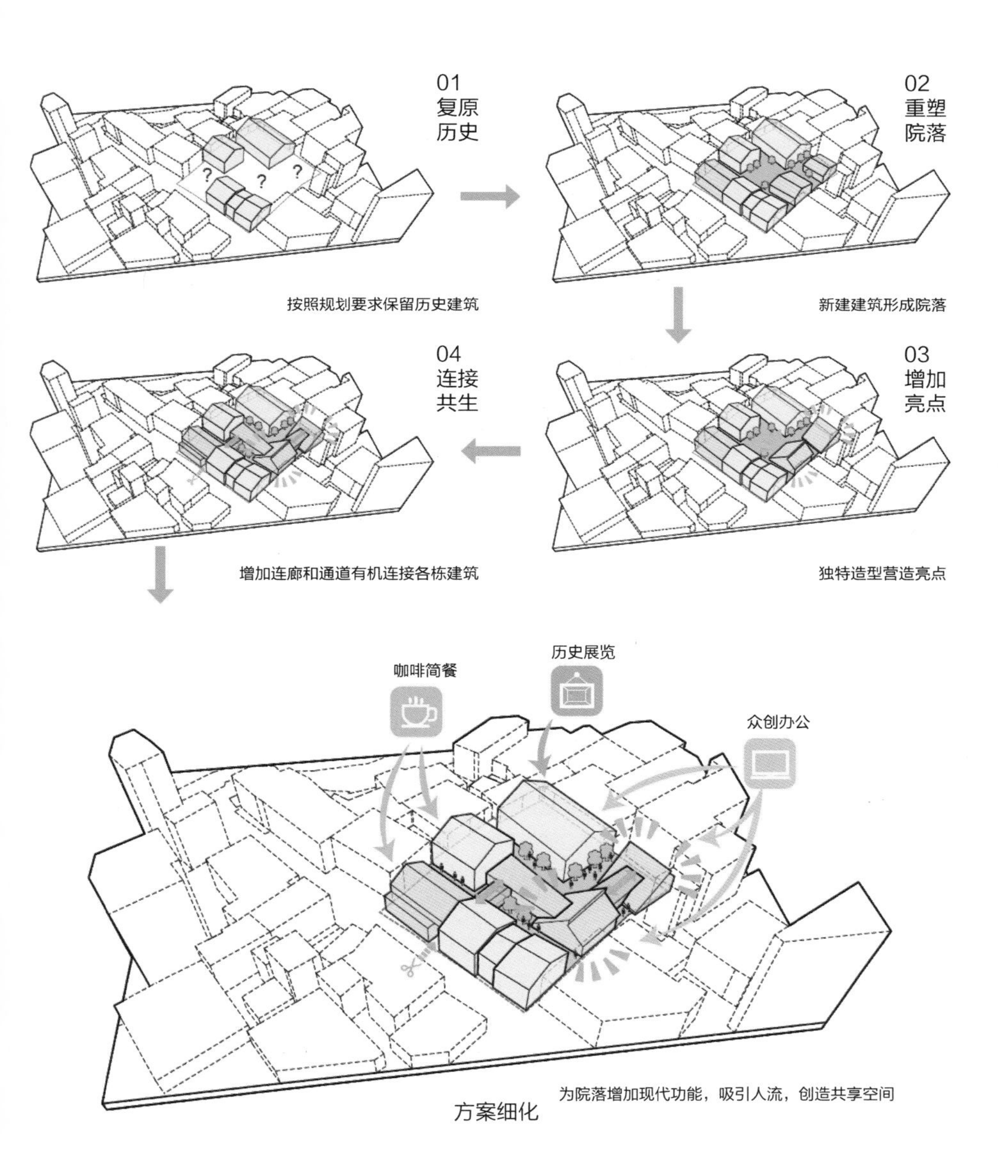

方案细化

【第七天～第八天建模及文本制作】

一边建模，一遍开始进行文本制作，因时间紧急，文本也是以模型为基础制作。

三维模型制作

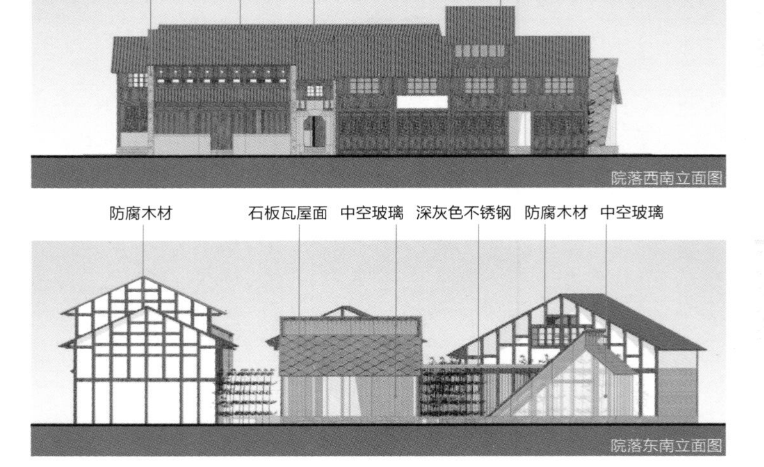

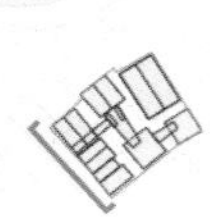

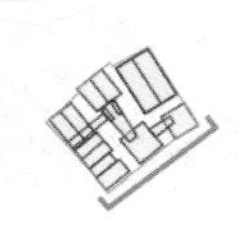

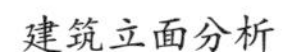

建筑立面分析

【第九天 Mars 制作 VR 及效果图】

SketchUp 模型建好后，导入 Mars，制作漫游及效果图。以下为直接 Mars 截图无“PS”（部分图选用淡彩模式截图）。其间也发现室内设计有些地方不合理，例如木柱子多了，但是由于时间问题，只能“先交上去将来再修正了”。

Mars 截图成果展示（一）

Mars 截图成果展示（二）

Mars 截图成果
展示（三）

Mars 截图成果
展示（四）

Mars 截图成果
展示（五）

Mars 截图成果展示（六）

Mars 截图成果展示（七）

Mars 截图成果展示（八）

Mars 截图成果展示（九）

Mars 截图成果展示（十）

【第十天——汇报】

文本于当日上午做好，同时花费 1 小时时间用光辉城市全景制作工具 Venus 做好 VR 漫游，下午带上文件去给政府部门汇报。设想了一下，如果这次没有选择使用 Mars，想要赶在 10 天之内完成任务，可能会发生的意外情况：

情况 1：效果图制作时间过长。

DAY1	DAY2	DAY3	DAY4	DAY5	DAY6	DAY7	DAY8	DAY9	DAY10
方案构思及设计阶段					效果图制作				汇报

可能会导致：方案构思时间被压缩

情况 2：直接用“草模”汇报。

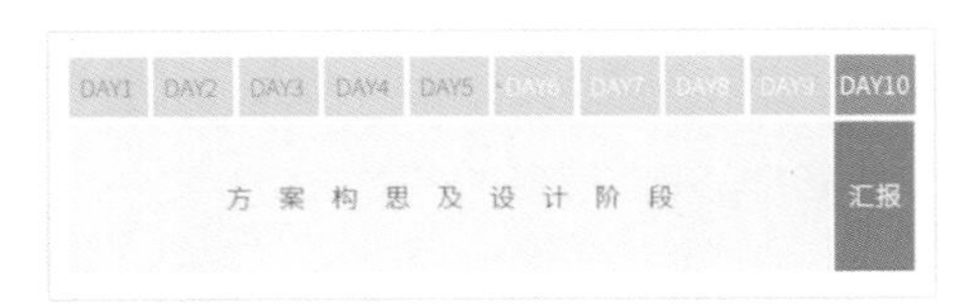

可能会导致：SketchUp模型表达效果不真实

选择了 Mars 的结果是，在规定的时间内，用多样化的表现形式“搞定”了任务。

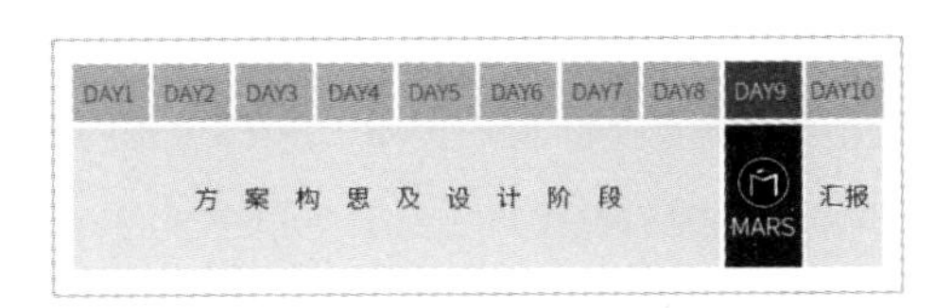

汇报效果很不错，漫游效果很出彩。领导最后定调：“这个地块是街区第一个项目，不要步子迈大了，不需要加入现代元素，全部恢复成老建筑就好。对了，下次的汇报也把VR漫游和全景做了。”

6.4 日清设计如何用VR技术帮助建筑师创作与汇报

——专访任治国

光辉城市的建筑VR软件Mars已经进入了很多设计公司。Mars的重要客户——上海日清建筑设计有限公司的董事合伙人、副总建筑师任总，在使用过程中给我们反馈了很多“日清”项目制作的成果。无论是项目本身，还是通过VR技术的项目传达，让我们感到非常惊艳。于是我们到日清公司对任总进行了一次专访，来了解日清是如何充分发挥VR技术对建筑师创作和汇报进行帮助的。

马斯：任总一开始是怎么了解到光辉城市的？

任治国：我对光辉城市的了解也是一步一步来的。之前是很偶然的作为代表建筑师，因为跟你们CEO宋晓宇都毕业于“重建工”，我去参加了光辉城市的上海发布会。周围的朋友有很多在做互联网创业，但是在我看来，很多都缺少很核心的东西。光辉城市也是在做互联网科技创业，其实在去之前我对VR、光辉城市都不太了解。但当时发布会现场，投资人有段话触动了我：之前他们不投资VR项目，因为VR的硬件设备还没到成熟的时候，但之所以看重光辉城市，因为这是从工具开始的创业，是一个从“硬件—工具—产品—内容—平台”的完整创业模式。

这点我很认同，很多人一上来就想建平台，但缺少自己的产品，不太能持久。日清虽然不是互联网公司，但道理也一样：它不是“日清”两个字做设计，是日清的设计师做设计，你有了好的设计师，这个平台才有意义。就好比搭台唱戏，很多人觉得台子搭起来了人就会来，其实并不是这么容易的。光辉城市从工具出发，我觉得是比较靠谱的。

马斯：那么任总是如何看待光辉城市的 VR 建筑软件 Mars 的工具属性的?

任治国：光辉城市的 Mars 对接了 SketchUp 模型，这个基本上不用再教育，因为设计师都在用它。用了一段时间 Mars 之后我发现，事实上它是把工具还给了设计师自己。比如，你看墙上挂的这些建筑手绘，都是我们工作了之后画的。当时日清就 2、3 个人，做项目给甲方呈现效果，那时候要徒手去画，我们那个年代的设计师勾型是不需要打草稿的。

后来就是做效果图，做效果图的人和设计师之间存在一个传达沟通问题。设计师自己有表达和审美，但如果对接的效果图师理解力不够，或者设计师的语言传达能力不够，设计师的想法就没法充分体现。模型在渲染前，只能靠效果图师靠经验来判断最后的效果，比如一束光在渲染前只是一根线。这样的话，实际上效果图和设计师之间是脱离的。

现状是很多效果图公司越做越差，沟通越来越费劲。但 Mars 是实时渲染，设计师自己就能随时看到方案的效果，他就可以反复地对自己的方案进行推敲。这个对设计创作也很有帮助。现在市场上很多做 VR 的创业公司，类似是新型效果图公司，它只是帮你做 VR 效果，同样让设计师离这个工具越来越远。

马斯：有些人会觉得 Mars 的效果不如一些专门做渲染的软件效果好，您怎么看待这个问题呢？

任治国：我觉得注意力不能只集中在单帧出图效果，而应该关注实时渲染与动态场景。我认为 Mars 最大的价值是可以实时渲染和动态汇报，促进设计师和客户的零距离沟通。“快”是光辉城市一个很重要的东西，所见即所得。Mars 导出的场景，在其间走动的时候，真实感还是比较强烈的，所以使用 Mars 不应该着眼于渲染静态图的效果。目前市场上一张 “动态效果图”需要 6000 元钱，就是固定场景从白天到晚上的一个效果，这个效果用 Mars 很容易就可以做到。以前的甲方习惯看单帧效果图，但我觉得这也是一个变化的过程，以后逐渐走向直接用动态模型汇报也说不定，我们在项目中已经尝试了，效果很好。

马斯：使用了 Mars 之后，您的团队有什么反馈？

任治国：这段时间使用 Mars 之后，确实也发生了一些很有意思的现象：原来我们是配备了 2 台台式计算机安装 Mars，现在我们每一个团队都自己去配了能够运行 Mars 的笔记本了，因为要带出去汇报。原本我以为使用 Mars 这个新工具，需要给团队一些激励刺激。选择 Mars 之后，无论是因为在效果图方面的一部分费用节省带来成本上的优化，还是说为项目本身推进带来帮助，都可以给大家一些奖励。后来发现根本不需要，他们从自己的角度出发就觉得，如果我不会相关技术，是可能会被淘汰的。当然，这里也要提一个功能的建议，就是一个计算机上的项目目前只能在这个计算机上做，所以希望之后我们的项目可以在不同的计算机上进行制作，实现多台计算机联动。

马斯：有人说Mars的使用会让设计师增加工作量，以前一个模型不需要建这么细、那么全，任总觉得呢？

任治国：这件事不能这么看。现在的开发商越来越集中，好项目越来越垄断化。现在不同以往，你把一个角度做出来就行，而是要真正全部设计出来。甚至效果图可以做得简单一点，但设计展现一定要完整。因此对我们“日清”这样的公司来说，本来就需要把模型做完整。并不是因为Mars导致设计师工作量变大，而是项目要求就是这样，要做一个好设计公司、做好项目，就必须如此。这个过程本身，也是在建设量减少、项目减少的大趋势下，一个优胜劣汰的过程。

马斯：您让主创团队使用Mars，除了考虑到设计项目本身，还有其他方面的考虑吗？

任治国：我认为将来VR带来的革命可能是，盖一些不需要住的房子，就是虚拟的建筑，它可能变成一种新的消费形式，甚至可以变成金融产品，一个虚拟场所可以被若干人购买体验。伴随着大量的消费升级模式出现，可能会出现新的虚拟空间消费形式，那时候所有的人才也都会往这个方向聚集。在长期在传统的环境中工作，虽然不知道“虚拟建设”什么时候会到来，但是我们需要先接触，先用起来。也许以后的设计师接触的工具更多时候不是笔，而是Mars这样的虚拟设计工具。

马斯：虚拟设计确实是光辉城市的一个发展板块，但好多设计师觉得这个太虚了，没想到您的想法这么超前。

任治国：我是考虑到，如果虚拟世界出现新的业务、新的消费形式，以后设计师是不是可以为新的设计需求做设计？像是游戏，有些大型的网络游戏游戏场景做得并不好，会有很大的提升空间，如果能把原来那帮做真实设计的建筑师找来做游戏场景，那会是多恐怖的事儿…… 最近湖南卫视有个“很火”的节目叫《亲爱的客栈》，就是在泸沽湖的“慢屋”取的景。景色特别美，但绝大部分人都没法去现场。要是我们可以把每一个“慢屋”的场景都在虚拟世界中做出来，你都可以收费了。大家可以在家喝着咖啡，付一点点场景费，就能欣赏各个地方“慢屋”最美的景色了，多好。

马斯：最后，想听听任总对光辉城市的发展有什么建议呢？

任治国：我认为光辉城市的产品将来可能不仅仅着眼于建筑行业，可以拓展到更多领域，毕竟建筑行业是一个非常传统的行业，伴随新的消费升级模式出现，那“虚拟世界”的拓展才是更大的疆场，也期待你们可以找到合适的项目，在 VR 世界迈开构建的脚步。

第 7 章　VR 在建筑及相关领域的应用

VR 是一种优先刺激认知动态的媒介技术，以此模拟替代环境，进而让人准确认知世界。VR 是在正式改变现实世界之前进行尝试，让人预先领略科技进步后的现实世界。

——杰伦·拉尼尔

以互联网为核心的新一轮科技和产业革命蓄势待发，人工智能、虚拟现实（VR）等新技术日新月异，虚拟经济与实体经济的结合，将给人们的生产和生活方式带来革命性的变化。我国高度重视虚拟现实（VR）产业的发展，《国家创新驱动发展战略纲要》《“十三五”国家信息化规划》《信息产业发展指南》等国家重大政策规划都对虚拟现实（VR）、增强现实（AR）做出具体规划和部署。

国家“十三五”（2016—2020年）规划纲要明确指出“大力推进智能交通、精准医疗、高效储能、虚拟现实（VR）与互动影视等新兴前沿领域创新和产业化，形成一批新增长点。”《国家重点专项规划之——“十三五”国家科技创新规划》（国发〔2016〕43号）文件指出大力发展自然人机交互技术，重点是智能感知与认知、虚实融合与自然交互、语义理解和智慧决策、云端融合交互和可穿戴等技术研发及应用。在虚拟现实（VR）与增强现实（AR）技术方面，明确提出要突破虚实融合渲染、真三维呈现、实时定位注册、适人性虚拟现实（VR）技术等一批关键技术，基本形成虚拟现实（VR）与增强现实（AR）技术在显示、交互、内容、接口等方面的规范标准。

Facebook CEO扎克伯格曾在“三星”的发布会上说过：“虚拟现实（VR）将是下一代基础设施平台。”VR技术被认为是下一代通用技术平台和下一代互联网的入口，是引领全球新一轮产业变革的重要力量，目前已经在工业、军事、医疗、航天、教育、娱乐等领域形成较为成熟的应用。工业和信息化部作为虚拟现实（VR）行业主管部门，在政策规划、标准制定、产业布局等方面加快推进虚拟现实（VR）产业健康发展。

2017年我国虚拟现实（VR）产业市场规模达到160亿元，同比增长

164%，在关键核心技术和重点应用领域取得了多项突破。

2018年4月28日，孟建民院士在未来绿色智慧型建筑“下一代建筑”国际研讨会上作了《关于泛建筑学的思考》的演讲，提出：“随着高科技的发展，未来世界将实现人机合一，建筑学的边界将会模糊，取而代之的是泛建筑学——打破建筑与其他制造门类的界限，同时也将模糊‘衣食住行’的边界，让建筑的功能与内容融于人类各种生存形式。”

2018年虚拟现实（VR）政策逐渐落地，如《成都市虚拟现实产业发展推进工作方案》正式印发，方案将重点聚焦软件工具/平台、行业应用解决方案、内容制作与平台运营三大领域，推动关键技术研发与产业化取得突破，积极支持关键器件及整机研发与产业化，打造国际知名、国内一流的VR产业基地。

2018年虚拟现实（VR）市场规模突破100亿，其中VR软件在市场收入构成中上升到30%。从数据上来看，2018年成为虚拟现实（VR）行业应用的丰收之年。

7.1 VR在建筑行业的发展趋势

VR技术能够很大程度地辅助建筑设计，在设计阶段即可实现以可视化、动态化的方式全方位展示建筑物所处的地理环境、建筑物外貌、建筑物内部构造和各种附属设施。VR技术的特性极大地弥补了建筑师在传统创作过程所缺失的体验建筑空间感的步骤，它能辅助建筑师在VR空间中进行方案的推敲，并促进科学性决策与方案优选评价。在VR建筑行业发展趋势方面，Chaos Group集团做了大量的调查研究工作。Chaos Group集团是全球计算机图形学的领导者，其最著名的产品是建筑师非常熟悉的渲染器“V-Ray”。2017 年 9 月，Chaos Group 集团发布了《2017 建筑可视化技术调查报告》，受访者是建筑及建筑可视化专业人士，从小工作室的自由职业者到拥有数千员工的跨国公司，反映了当今建筑和建筑可视化实践的全球规模与趋势。

变革：对技术依赖的增加

“在过去的三年里，对技术依赖的增加是建筑和建筑可视化的最大变化。”

来自各种规模公司的受访者确认，过去几年最显著的变化是对最近引入的技术（如 BIM 和 VR）依赖性增加。

挑战：可视化方案表现的真实感

“对照片真实感内容的需求是建筑和建筑可视化的第三大挑战。”

科技日新月异，时代发展飞速，当代的建筑师同样面临着很大的挑战。尽管对于建筑设计行业的从事者来说，首当其冲的挑战便是来自项目最后期限。但除去“deadline”（最后期限）以及预算限制等老生常谈的因素，43%的受访者指出对照片真实感内容的需求是建筑和建筑可视化的一个重大挑战，且 85%的受访者表示三维（3D）渲染图像对于获奖项目“非常重要”，甚至是“关键”。

这说明，可视化方案真实感的表现对于项目的成功起到很大辅助作用，这个观点在建筑师群体中几乎达成共识。

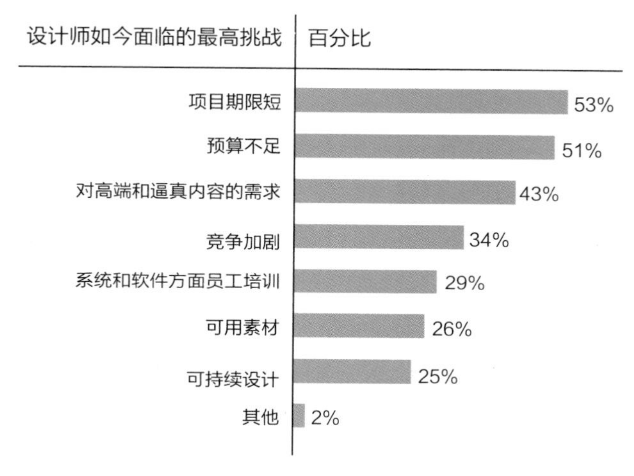

设计师如今面临的挑战

虚拟现实（VR）：成为可视化建筑表现的趋势

“建筑从根本上来说是空间的，从立面规划到动画的所有可视化都是二维的。VR是第一个可以传递建筑物空间品质的媒介。现在行业必须在比传统平台或产品更大的新媒介中寻找通信手段。”

虽然三维工具已经成为建筑师和可视化专业人士的首选，但VR为他们提供了体验和交流“建筑设计”的新途径。

Chaos Group对受访者习惯使用的流行软件进行了统计，根据统计结果可看到，三维工具已经成为建筑师和可视化艺术家的主流。而如今，VR的引入为他们提供了体验他们设计的新方法。超过一半的受访者已经使用VR技术，或者正在一个项目上尝试VR技术。80%的VR采用者正在多个项目中使用它，说明VR技术在建筑和建筑可视化设计上开始发挥越来越重要的作用。

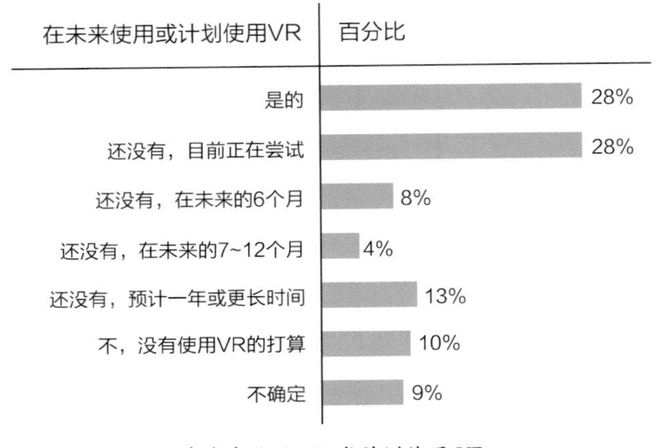

在未来使用 VR 或计划使用 VR

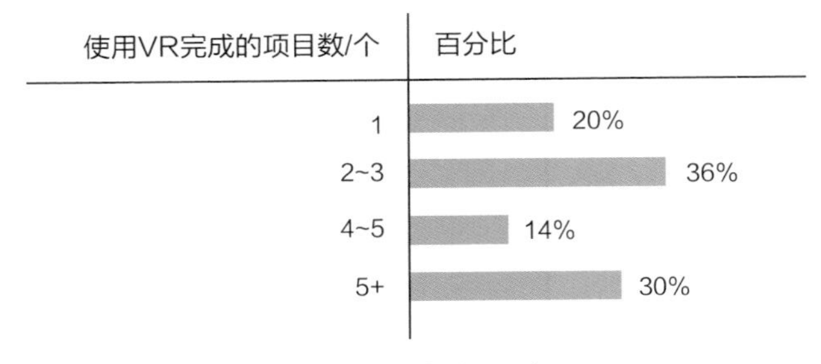

使用 VR 完成的项目数

大型公司率先采用 VR 技术

在那些已经使用 VR 技术的公司中，有 80%已经将其用于多个项目，这表明 VR 在建筑设计和可视化工作流程中已经开始扮演更重要的角色。大型建筑公司（拥有“100+”名建筑师的公司）比小型公司、自由职业者更热衷于接受 VR。62%的大公司目前正在使用 VR 技术，95% 的大型企业将 VR 技术用于多个项目，其中超过一半已经在 5 个及以上的项目中使用了 VR 技术。

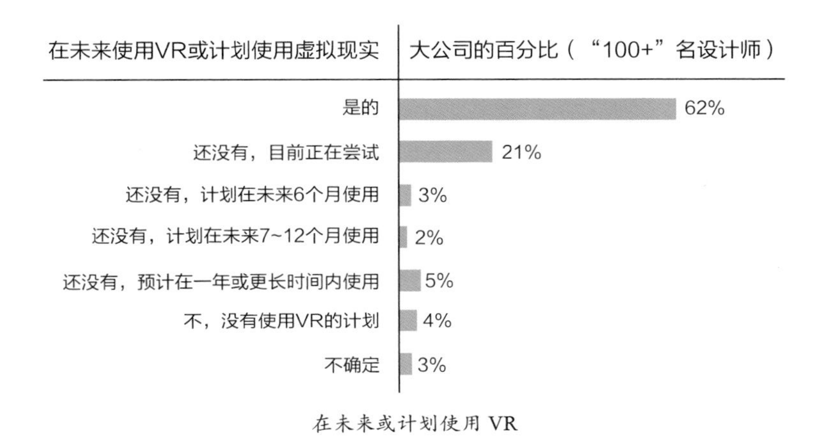

在未来或计划使用 VR

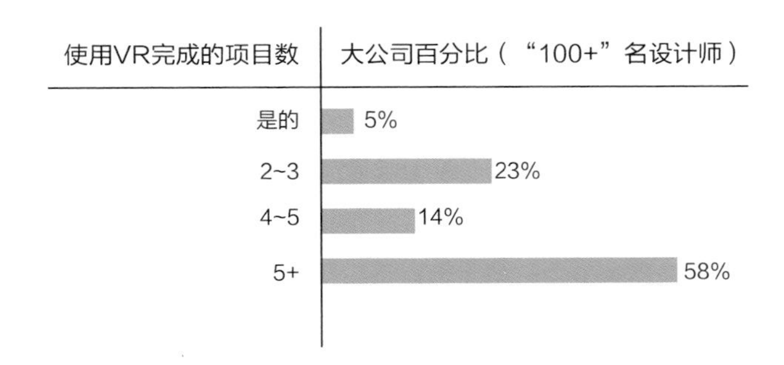

使用 VR 完成的项目数

2019 年：VR 使用量将迅速增长

在建筑领域上，VR 引入了一种包括设计、协作和传达建筑可视化的新方法。具有沉浸式真实体验感的 VR 表现空间的独特能力已经发挥了重要的作用，成为建筑行业可视化表现以及设计方案推敲的有力工具。在竞争激烈的建筑行业中，除了解决老生常谈的问题（如控制预算降低成本，提高速度，提升效率）之外，增加建筑可视化表现的真实感，引进 BIM 和 VR 等快速发展的技术，将成为在建筑行业竞技场中过关斩将的主导力量。VR 技术会为大型建筑公司和个人自由职业者带来更多机会。

7.2 VR 在建筑学相关领域的应用

VR 的技术性、功能性、空间性、交互性等特性将与建筑学科的艺术性、社会性、科学性、文化性、生态性、地域性发生交叉叠合作用。VR 技术将为建筑学相关学科，如城乡规划设计、风景园林设计、室内设计等提供 VR 的空间场景，让设计师、甲方或用户获得身临其境的空间体验。VR 技术已经实现人类五感中的视觉、听觉、嗅觉的感知技术，提供多种感觉通道的实时模拟和交互，并获取在空间交互过程中人的行为方式及相关数据，以期用量化的数据为建筑学及相关领域提供科学的支撑。

7.2.1 VR+ 城市规划设计

早在 20 世纪末，美国 MIT 建筑系教授米切尔曾在他的著作《比特之城》（City of Bits）里写到，对于设计师和规划师来说，21 世纪最重要的任务就是把“比特（Bit）圈”建成一个全世界范围的、以电子媒介传递的环境，它将最终覆盖和超越人类社会长久以来以人居住的、以农业或工业生产为基础的地面景观。他勾勒出未来的城市是数字化构筑的“软城市”，其实质空间、位置、建筑及城市生活方式无一不与信息技术密切相连。“软城市”也日益成为中国城市化进程所呼唤的一个概念。城市发展迫切需要找到超越既往因袭性城市化范式的发展思路、价值准则与操作工具。若抓住了时代科技发展的机会，或许我国的城市规划发展理论会在新一轮的科技变革中实现“超越”，形成鲜明的具有中国特色的城市发展创新模式与路径。

何镜堂院士曾提出过未来城市空间的组成将成为实体空间与虚拟空间的共存和交融。城市规划作为未来城市空间的计划载体，与 VR 新技术的结合将实现“虚实”共融。VR 能为城乡规划设计实现建成环境基本信息的可视化，城乡规划设计师能够在 VR 世界中体验大尺度的城市空间，并进行交通、人流、日照、噪声等分析活动。在城市漫游动画应用中，设计师可在一个虚拟的三维环境中，用动态交互的方式对未来的建筑或城区进行身临其境的全方位的审视。设计师可从任意角度、距离和精细程度观察城市或乡村的环境场景，利用多种运动模式（如行走、驾驶、飞翔等）自由控制浏览的路线。Mars 的三种模式（沉浸模式、巨人模式、沙盘模式），均适合应对大比例尺下设计的推敲工作。

在漫游过程中，还可以实现多种设计方案及环境效果的实时切换比较。城乡规划设计师能够在体验的过程中增加对基地环境与设计方案的认知，并运用循环反馈、修改完善的手段实现科学的城乡规划。采用 VR 技术，能将各种规划设计的方案定位于现实环境中，考察加入规划方案后对现实环境的影响，感知空间、评价方案的合理性。我国房地产市场进入“存量时代”，城市更新等规划类型将需要更加精细化的设计。VR 恰巧能辅助预判，做出模拟，以便在规划设计过程中获得更直接的沟通与交流的载体。

1. 调研分析

VR 技术能运用于城市规划领域的项目实地调研过程中，采用无人机航拍技术获取项目基地及周边建成环境的基本信息，利用 Mars 软件生成相应的三维空间信息模型。设计师可根据实地调研收集的信息对生成的航拍模型进行优化修正处理，以第一人称视角进入 VR 基地环境空间体验，感知基地所处城市或乡村的自然环境、地理地形特征，以及建成环境（建筑）与道路（场地）的关系。有利于设计师分析城市的整体风貌及外部空间等特征。同时可利用 Mars 分析方案的日照情况、景观视线等特征，辅助设计师在创作时更加直观、理性地综合研判项目的基本条件。

a）城市道路鸟瞰模型

b）城市轴线鸟瞰模型

c）城市住区鸟瞰模型

d）城市道路交叉口鸟瞰模型

生成城市 VR 模型

2. 智慧城市

VR 技术也可结合“城市大脑”的设想，将城市数字化管理在 VR 空间中可视化呈现，更为直观地为公众展示城市道路的实时交通情况，辅助智慧城市的交通管理，VR 将促进智慧城市的可视化发展。VR 可以结合城市的地理位置，模拟城市的地形条件、环境特征、水文条件、基础设施等。在 VR 环境中也能够模拟城市基础设施系统工程的情况，如结合给水排水系统、电力系统、热力系统、燃气系统等方面形成综合管廊，VR 能最大限度地在施工前将各个系统的空间位置分布进行验证。如在“海绵城市”里，排水设施的系统布置也能在 VR 中呈现，为智慧城市规划与管理提供沉浸式与可视化的手段。

3. 规划展示

VR 技术也能应用于城市规划的宣传，政府部门可利用 VR 展示城市规划的成果。通过三维可交互的空间感知体验方式，让更多的公众了解未来城市空间的发展规划，提高了城市宣传展示的效果。例如用城市沙盘模型，公众能在交互式体验过程中随意地放大缩小模型，增加了公众的参与性。VR 沙盘模型既节省了真实模型的放置空间，又能够降低制作模型的成本，在展示方面更加生动、直观，具有趣味性。2016 年澳大利亚昆士兰州率先尝试了 VR 技术应用到城市规划领域，布里斯班市市长发布了一套基于三维 VR 城市规划软件，对“CBD”与市中心规划所生成的精准三维数字模型将让政府部门与市区居民更好地看到城市规划结果，分析未来发展，以便提出适用的城市规划意见。在 VR 中能让公众看到未来城市的样子，这对于公众参与城市规划有较大的促进作用。

4. 规划管理

在城市规划管理方面，可以通过 VR 数据接口平台实时地在虚拟环境中获取城市规划项目的数据资料，方便大型复杂工程项目的设计、投标、报批和管理工作高效地开展，有利于设计与管理人员之间的信息传递。VR 城市规划模型在 VR 世界中以可视化可交互性的方式真实地呈现，用户能在城市的三维空间场景中漫游交互，发现规划方案中可能存在的设计缺陷或问题，规避设计不周的风险，能提高规划方案的评估质量。还能够促进多方沟通合作，让政府部门、开发商、施工方、公众和设计师共同参与体验未来的城市空间。

5. 城市防灾

VR 也可应用于城市防灾领域，利用 VR 技术为城市综合防灾规划建立应急仿真模拟平台，在 VR 世界中模拟各种自然灾害、人为灾害、恐怖袭击等场景。让救援人员和公众在仿真平台中模拟演练，提高救援与自救的能力，增加避难逃生的安全意识，VR 也有利于对青少年安全教育的宣传与展示。

7.2.2 VR+ 室内设计

当用户完全沉浸到设计场景的家居环境中，对个性化的装修诉求就能够更准确地描述。VR 技术对室内设计的影响更加广泛，可以说能够服务于“千家万户”，让人们在装修之前就能够体验自己家中的各种空间设计，然后可以在 VR 世界中修改完善，将室内的方案改为自己想要的空间（包括色彩、材质、软装等）。建筑装饰 VR 交互是指通过 VR 眼镜及手持设备在 VR 环境中实现行走、触碰物体、开关设备甚至更换装饰材料等功能。设计师可在 Mars 的家具模型数据库中选取适合的家具进行空间布置，直观体验式地进行室内设计创作。室内空间设计完成后即可在 Mars 中“一键”生成 VR 全景效果图或输出视频漫游动画，操作过程简单快捷，能提升室内设计师的创作效率。有经验的室内设计师在 Mars 整个操作过程中能做到耗时短，同时得到优化后的室内设计效果。从设计师和家装公司的角度来看，有了 VR 技术，设计师可以提高生成装修方案的效率，降低沟通成本和不可控的风险。而且，对于家装公司而言，可以降低其门店对于样板间以及场地条件的要求和管理运营成本。

7.2.3 VR+ 园林景观设计

建筑与环境是相互影响、密不可分的整体，优秀的建筑方案能将室外的自然环境引入室内的庭院或空间视线中，借景营造适宜的建筑空间环境，VR 世界中的场地与环境要素能够帮助建筑师身临其境地感知建筑外部空间的自然条件。设计工具的发展和变化，不能简单认为是“形式创造逻辑”的问题。如模拟工具的提升，可以近乎精确地预判设计的环境表现。VR 技术对景观设计的影响在于可利用软件平台中的植物属性数据，进行场地、公园、居住小区内的景观设计，实现景观设计的信息化、可视化与沉浸式体验。

Mars 的景观园林植物数据库将服务于景观设计师，让设计师可在创作的过程中穿戴 VR 硬件设备进入 Mars 平台实时地在场地环境中添加不同的植物，并可以改变其参数来营造不同的室外空间感受，如调整植物的高度、利用植物围合空间等方式。设计师在创作过程中也可实时地安排室外的小品或家具等设施，营造趣味性的空间环境。VR 将辅助设计师推敲景观的细部尺寸，如铺地、不同材质效果等，获得直观的视觉感受和体验，从而实现“以人为本”的设计思想。

Mars 中植物四季变化效果

在 VR 中实现景观节点的表达

7.2.4 VR+BIM

如今 BIM（建筑信息模型）已经成为美国和欧洲发达国家建筑领域的交付手段，然而目前国内对于 BIM 理解的深度还存在“不足”，BIM 全生命周期的设计概念在国内尚未得到普及，现阶段通常采用“翻模”的方式完成规范要求的既定内容。建筑设计行业目前最大的痛点在于“所见非所得”和“工程控制难”，难点在于统筹规划、资源整合、具象化联系和平台构建。BIM 作为现今建筑设计行业推崇的建筑信息模型方法，它所解决的就是工程控制难的问题。“而 VR 在 BIM 的三维模型基础上，加强了可视性和具象性。”“VR + BIM ”将在可视化、虚拟展示、交互设计及信息交付方面改变建筑领域，两者之间的融合具有优势互补与强强联合的特征。

Mars 能够提供完整的虚拟施工信息，如材质、厂商、价格等，可在交付阶段实现可视化三维信息交付。其数据库中包含常用的信息数据为 BIM 建筑信息模型提供基础资料。也可实现房地产企业精装房或样板房的 VR+BIM 数字化交付，既拓展了室内设计师的职业范围，也能为房地产公司节省装修样板间所需要花费的人员、资金与时间成本，缩短了传统装修需要的时间周期，提升企业的竞争力。

7.2.5 VR+BIM+ 结构设备设计

未来，VR 技术能够将一系列的算法编程到软件中，实现结构与设备专业的自动生成，并能够在 VR 世界中进行核对校正，在原理上避免各管线的碰撞，为施工提供翔实可靠的施工图数字化交付成果。VR 技术可更好地将 BIM 中的结构、设备与管线综合的模拟碰撞检测等应用的具体操作可视化，实现 BIM 可视化的升华体验，并且使不同专业的设计集中到一个协同设计平台与显示，使设计师和甲方都可以更明晰地看到问题所在。可视化、体验式地进行结构与设备专业的设计与交流，便于发现问题、解决问题，避免在施工时出现返工等情况，造成不必要的经济损失与资源浪费。

7.2.6 VR+ 施工管理

有了 VR 技术，可在现实场景中按实物比例生成设计目标的实体，并根据需要修改产品尺寸、结构和材质。这将提高设计方案的展示效果，在成品产出之前即可让投资者与消费者感知到房屋建筑的结构和装修状况，对自身需求有了直观的了解。VR 的模型能运用于施工管理领域，在工程质量管理方面，建立场景模型系统、考核评分系统等子系统，针对各种标准施工工艺，将其从各种技术文件和国家标准中抽取出来，设计出符合实际需求的 VR 交互流程。通过 VR 技术建立的虚拟体验场景，结合全身动作捕捉、体感和电击等力反馈穿戴设备，可以进行各种 VR 施工安全事故体验和事前施工难点预习。同时创建的可视化平台可以让施工人员在对图纸产生疑问的时候及时进行审核与反馈。

在实际工程施工中，复杂结构施工方案设计和施工结构计算是一个难度较大的问题。利用 VR 技术可以对不同的方案，在短时间内做大量的分析，从而保证施工方案最优化。在 VR 环境中，建立周围场景、结构构件及机械设备等的三维 CAD 模型，形成功能性的仿真系统，让系统中的模型具有动态性能。借助虚拟仿真系统，把不能预演的施工过程和方法表现出来，不仅节省了时间和建设投资，也增加施工企业的投标竞争能力。

7.2.7 VR+ 历史文化遗产与古建筑保护

1995 年，第一次虚拟世界遗产会议在英国召开，主题是“虚拟庞贝古城”，1996 年第二次虚拟世界遗产会议也是在英国召开，在会上演示了“虚拟巨石阵”。英国自然历史博物馆利用三维扫描仪对文物进行扫描，将其立体色彩数字模型置入 VR 系统中建立了虚拟博物馆。我们不仅能够在 VR 世界中将已经消失的历史建筑复原重现，也能够在 VR 中修复已经损坏或损毁的历史建筑，这是对古建筑保护方式的一种延伸。如建立 VR 模型还原“圆明园”或“阿房宫”等著名的建筑群，结合 VR/AR/MR 让公众能重新感知认识我国经典文化建筑遗产，让中华民族的历史文化以虚拟与现实相结合的方式源远流长。

利用 VR 科技，我们能提高文物的展出率与展出效果，我国收藏于各类博物馆中的文物受硬件限制，能展出的占少部分，导致展品的更换率低，对观众的吸引力大为削弱。而通过 VR 技术，虚拟的数字博物馆可以展示大量的三维立体影像文物原貌。故宫博物院的“激光雷达故宫古建筑数字化保护与应用”，不仅对古建筑的保护有着重要的意义，也能让公众在互联网上就可以欣赏到建筑构件、珍稀文物与古建筑的装饰处理。全世界的历史文化遗产与文物古迹的保护与修缮都需要花费大量的人力与资金，VR 技术为历史遗产的保护在节约成本的基础上提供了新方式新方向，将建立历史文物古迹或古建筑的 VR 模型进行保存，作为对文物或古建筑的资料备份。同时也能在虚拟数字博物馆对其进行展示，这不会受到实体空间的限制与制约，能够在最大程度上备份人类的历史文化遗产。

7.3 Mars 助力设计师建设美丽乡村[⊖]

71 年前，费孝通先生出版了《乡土中国》

在社会学理论上呈现着中国乡村

⊖ 本文作者为徐超

12 年前，谢英俊先生发起兰考建筑工作营

在建筑学实践上改造着中国乡村

中国的城市经历了一段时期的疯狂开发跟建设，当潮水退去，建筑设计行业回归新常态，越来越多的建筑师开始关注乡村，从专业角度来思考如何保护及开发乡村。如果说城市建设是设计师心口的“朱砂痣”，那么乡村建设就是床前的“明月光”，一低头就忍不住“思恋起故乡”。

我们发现在乡村建设项目中普遍存在着如下问题：

（1）调研阶段基础信息整理困难。

（2）设计阶段耗时且与乡民沟通不便。

（3）表达阶段图面效果不真实。

（4）汇报阶段方式单一。

下面以李巷为例来分析 Mars 在乡村建设中的应用。

“李巷改造”项目肇始于2016年，由南京城理人城市规划设计有限公司、东南大学建筑设计研究院有限公司建筑技术与艺术（ATA）工作室、南京嘉顿水木生态景观设计有限公司组成联合设计团队整合运作。

经过与项目负责人李竹老师多次合作与讨论，我们惊喜地发现，在乡村建设的每个阶段，Mars 都有其独特的价值，下面从设计全流程角度来具

体展开说明。

1. 全自动三维建模

李巷（无人机影像）

作为乡村建设的先行准备工作，规划测量成为必不可少的一部分，但是一些农村村庄缺乏合理的规划，存在建筑物混乱无序、村庄内部基础设施陈旧、地物类型复杂多样及通视条件差等问题，给测量工作带来了很大困难。

针对调研阶段基础信息整理困难的问题，我们提供一整套解决方案，具体流程是无人机倾斜摄影照片拍摄（预先规划好拍摄航线，航空摄影测量时要求 60% 的侧向重叠和 80% 的航向重叠，同时应避免“闪烁”的拍摄环境）——Agisoft软件处理——生成“.fbx”模型——导入Mars渲染表现。利用无人机与遥感技术相结合形成的无人机低空遥感系统，具有机动、快速、经济等优点，在小区域测绘方面有着独特的优势，节省大量的场地测绘时间，计算机生成的“.fbx”模型可以直接导入Mars，可以利用在后期设计以及方案表现上。

2. VR体验

“乡村建设”项目往往投入资金较少，受经济效益驱动，建筑师们在设计阶段通常无法进行大量且长时间的推敲及比较研究；同时，在一些乡村建设项目上，建造观念和实际操作过程中，人力手工还是不可替代的，所以如何将流程化的专业性图纸信息准确传达给本土化的乡村建设施工者也成为一个难点。

针对设计阶段耗时且与乡民沟通不便的问题，设计师们积极探索使用Mars的VR漫游功能，建筑设计本来就是一项基于三维空间的创造工作，利用VR技术，可以在方案推敲及沟通表达上实现三维信息的无损传播，节省了时间成本和沟通成本。

3. 各种风格的配景及材质

现阶段，效果图和视频还是方案表现的“硬通货”，但是受限于乡村建设项目的低利润，市场上效果图公司高额的报价显然让建筑师们望而却步；另一方面，乡村建设项目有着其“本土化”与“反商业化”的独特性，效果图公司流程化、精致化的表现方式并不适合乡村建设项目的表达。

针对表达阶段图面效果不真实的问题，Mars预置并不断更新着丰富的本土化材质包以及植物、动物、景石等模型，“一键”切换且编辑简单；

李巷 SketchUp 模型中材质和景观研究（一）

李巷 SketchUp 模型中材质和景观研究（二）

李巷 SketchUp 模型导入 Mars 后效果（一）

李巷 SketchUp 模型导入 Mars 后效果（二）

同时,还可以提供资源定制服务,满足设计师们的在特定项目中的个性需求。

4. 形式多样的汇报方式

乡村建设项目牵扯到多方利益，通常需要进行多轮且面向不同人群的汇报工作，面向不同利益方如果使用同样的汇报方式会造成自说自话的局面。

针对汇报阶段方式单一的问题，Mars 提供三维动画、VR 漫游、AR 绘本、二维码全景动画等形式多样的汇报方式，丰富了不同场景下的汇报体验。

7.4 室内设计师——卢寅采访实录

2018 年 8 月 21 日采访某设计院船舶内装研究中心建筑室副主任卢寅。

颜勤：您好！您觉得目前 Mars 或 VR 在建筑设计项目中最大的贡献是什么？

卢寅：您好！我现在做的事情更多偏向室内设计，真正在建筑设计方面用得不多，所以就室内设计谈一下使用一年来的感受。室内设计对空间感本身的要求比较高，通过 Mars 能更好、更直观地让甲方提前看到建筑完成后的情况，包括室内光线等表现性和表达性的方面。我们理想的 Mars 方案，最终基本上能达到 80% 的完成度，这样已经是比较真实的状态了。

颜勤：在方案创作、快速表达、汇报、交付等阶段，您觉得 Mars 在哪方面的贡献多一些？

卢寅： 我认为主要集中在创作和汇报方面，我还比较推崇在创作时置身 VR 环境中推敲室内设计方案。传统的建筑学用 SketchUp、犀牛等软件时，大家传统的工作习惯是建一个比较粗糙的模型，让效果图公司帮设计师细化，但其实这个细化的过程也是设计的过程，传统的方式相当于交给效果图公司去完成了。但是对于一个好的设计方案，细节本身是很重要的，现在有了 Mars 后，它的效率非常高，能够在很短的时间内完成多种室内设计（摆放）的方案，在一定程度上提高了效率，而且提高了对设计的掌控，对整个设计有了更全的掌控。

颜勤： 您谈到的设计细节这方面优势和宋晓宇先生的想法不谋而合，您觉得 Mars 用于方案的比选方面有什么作用？在尺度、细部、质感、材质、环境等方面运用 VR+Mars 相较传统的方式有较大的优势吗？

卢寅： 有一次做 6 个比选方案，包括 3 个模型，每个模型有两种贴图进行调整，用 Mars 体验 VR 是很好的比选手段。您刚刚提到的几个方面是比较好的 VR 应用点，在 VR 体验中设计和传统很不一样。我个人的设计方法比较偏好在初步的设计概念提出之后，把模型建得比较细，包括结构构件、构造方式等方面。传统的方式是将细部深化放到效果图公司去做，他们其实不太理解这种结构构件的建造逻辑等，你给他对的，他建出来是错的，你还得花时间去修改。Mars 里能够非常清晰地表达出大范围的建筑构件和室内的吊顶、墙面、地面等的构造层次，这些都能够很精细地表达出来。这种精细的表达方式有利于汇报和沟通，我们在前期就已经把后面需要做的构造、深化及施工图设计中的很多点都带进去了，这样可为整个设计流程的一体化带来很大的便利。

颜勤： 对，这种方式能够快速地、深入地推进方案的完善，您觉得

VR/AR/AR/AI 等新技术对于建筑设计行业的发展是一次跨越式的变革吗？比如 VR 改变了我们对建筑空间的认知，比如从前我们用 SketchUp 建模，但我们并不能进入其中的空间体验如柱距等空间尺度。现在我们能够在 VR 中判断如在车库里摆放车之后，两个车之间剩下的间距，人能不能通过，从而让我们更好地验证空间尺度的适宜性。

卢寅：对于建筑学的发展本身来说，建筑使用最大的问题可能是在生活方式上，就目前来讲，新设计技术的加入，可能会在一定程度上影响建筑学的发展，但可能比较难达到一个颠覆性的状态，除非整个工业体系、建筑技术、产业发展或者人类的生活方式发生变化，建筑学才能发生颠覆性的变化。但是这些技术和软件对于建筑设计行业来说，我认为是一种行业的革命，而不是产业的革命。

对于 VR 改变思维和方法方面也是我最近在思考的问题，所有的设计行业传统方法都是二维设计，从某种程度上可以认为在很多方面我们的思维方式其实是一种二维的思维，不是对就是错、不是好就是坏、不是这个就是那个。VR 这种虚拟技术出现，当我们进入这个 VR 世界之后，我们的设计思维是一个三维的设计思维，我们不单单考虑一个空间的三维化，而是整个设计思维体系的三维化。不光是坚固、美观、适用等二维的均衡，而是在虚拟空间中可能会加入一个第三坐标、第三坐标系或第三种思维角度等思维方式，也许会对整个建筑创作、建筑空间的理解和实践带来一种革命性的变化。可能会带入类似于时间维度的第四维度，将时间维度也加入建筑创作的考虑因素当中，所以它对于建筑创作来说是一种颠覆性。

颜勤：嗯，我很赞同您刚刚提到的思维方式的转化，我们也提出了 VR 改变了建筑学的思维方式，并从建筑学理论的源头分析探索。我认为对于创作方面您已经有比较深刻的见解了，对于 VR 和 Mars 在汇报方面您觉得和传统方式相比有没有不同？

卢寅：汇报方面首先简单来说就是直白、直观，对于业主来说，建筑其实很多时候，尤其是开发商项目，可能他不太关心最后会是什么样的效果。单纯从住宅项目来说，我认为 Mars 对空间的作用不大，开发商关心的不是建筑空间而是指标，他们关心的是抽象的数据，就是说达到多少指标能够回本。

但对于更宏观从规划角度的公共建筑、政府形象性或个人业主对建筑形象有追求、有要求的层面，包括室内设计，Mars 的作用是很大的。第一，政府或业主能够直观地看到建筑建成后是一个什么样的效果；第二，我认为我们把这种思维很好地传递给了甲方，使用传统的汇报方式时，我们更多地遇到甲方听不懂的问题，例如我们讲了一堆方案的设计概念，甲方不理解。而现在我们把这种三维体验的方式带给甲方之后，也许我们不需要太多的讲解，把他们带入这个 VR 虚拟空间之后，他们自己在这个空间中会对这个空间有一定的理解，也就加深了设计师和甲方沟通的契合度。

这种契合度会提升整个建筑设计的品质，国外做得好的一点是设计师和甲方的沟通是比较通畅的，而国内的建筑师和甲方的沟通时常不那么和谐。因为关注点不一样，甲方很难理解设计师的设计意图，传统的建筑表达是二维的，甲方可能连一个平面图都看不懂。而采用 VR 的三维方式带入后，立马就改变这种境地，甲方想要的东西已经直观地呈现在他的眼前。

所以我认为 Mars+VR，第一是直观；第二是提高了效率，现在网络世界如此发达，用 VR 技术沟通汇报，我不需要今天去北京、明天去哪里满世界地跑，我待在办公室就能够直观地与你沟通，迅速地把我们的意图表达清楚，确实在很大程度上提高了效率，修改周期缩短了；第三是 Mars 软件本身搭接的平台在未来会带入一些技术指标的东西涵盖在模型之中，这对于整个项目成本控制以及与未来发展相关的技术指标、数据指标的控制有很大的促进作用。我在汇报当中能够精确体现从前往后一体化的设计过程，其实这就是在压缩设计成本，因为在设计当中最大的成本是人力成本，这个一体化设计过程在集约化之后能很大程度地提高整个设计周期的效率，回报率等产值确实会有一个跨越式的提升。

颜勤：我很认可您的观点，包括创作的直观与真实性等。刚刚提到将设计思维传递给甲方，我想到了两点，第一是降低了非专业人士或大众对建筑空间的认知门槛，他们不看二维图直接进入空间之后就能够提出自己的想法，而不需要具有“识图的本领”。

第二点，在项目过程中您有没有感觉到建筑师的话语权有提升？我们的概念在从前的表达方式中经常得不到甲方的理解和认同，通常会被甲方带着做他想要的方案。但是现在能用 VR 的手段来说服甲方，其实建筑师的设想是从人的使用出发，包括尺度、功能等方面都有深思熟虑的专业性考虑。

卢寅：对，这个确实是。在甲方加深了解之后，他能更直白地看懂你所表达的东西和他想要的东西之间的差距，在 VR 认知中的沟通交流会更准确一些，的确是在很大程度上提升了认知。他理解了你是怎样去考虑这个问题，你怎么解决，他在头脑中是怎样想象这个问题的，这个沟通的过程会显得更直白一些，这样能够更准确地把握住这个度。这个时候设计师能够更好地表达出建筑设计的意图和理念，其所能保留的设计理念才能更好地体现，自然建筑师的地位就提升了。

颜勤：对，而且在沟通的过程中，用 VR（或者 Mars）能够将非专业的甲方带入同一个认知层面看相同的问题。您们在使用 Mars 汇报交流时有没有发生什么有趣的故事？

卢寅：在相同的认知层面讨论问题是很重要的前提条件。我们尝试过带 VR 设备去外地汇报，汇报的过程甲方表示很新奇，觉得我们非常用心，成果也非常满意。但是在我们回程的途中 VR 的探头设备损坏了，可能是运输过程中摔坏了，其实已经保护得很好了，但是回去发现里面探头中心裂掉了，所以在运送过程中可能会遇到各种各样的问题。然后就是我们的甲方领导一般年龄都比较大，让他们带上一个头盔加上两个手柄的操作，教他们一般需要半个小时，半个小时对于甲方来说太久了、太漫长了。

年轻人一般比较感兴趣，但是对于年龄大的甲方来说，你在真正让他体会到很不一样的空间感之前，他可能会秉持一种诧异；觉得这是什么“奇奇怪怪”东西的想法。只有他真正戴上 VR 头盔，熟悉操作之后，在里面转了一圈，他才会觉得这个东西真的很好，这还算是比较开明的甲方，对我们的设计很满意。

但在这个过程中有时候还是会出现很多意外的影响因素，比如刚开始镜头位置不对，搞得大家都要跪下，甲方在你面前跪下去找那个点，这是一个很尴尬的事情，领导回去之后说我们，你们怎么能这样呢，你让人家甲方跪下，这是一件很不好的事情。我们说我们也不想这样做，所以后来去汇报我们都会去提前调好，有时候进入的时候是在房顶上，要自己想办法蹲下或趴下，找到自己该站的点，再让甲方看，但有时难免还会有操作失误的时候。确实在目前来看，操作不便是硬件问题，不是Mars的软件问题，硬件不能像智能手机一样，你不需要做任何培训就能够立马上手知道怎么操作，我认为这是现阶段限制VR大范围推广的重要因素。

颜勤: 对，您在实际项目里，对于Mars的PC漫游汇报、VR沉浸式体验、三维立体漫游、全景故事、全景动画、AR体验这六种汇报方式哪种用得最多或觉得最好用？

卢寅： 现在我们主要用的是动画功能比较多，这是比较功利性的，因为传统的设计公司包括我们的竞争对手在内，几乎都是用传统效果图的方式去给甲方汇报。我们目前做得比较多的项目是偏室内的，室内需要效果图的比重会比较大一些，室内做动画其实成本非常高，所以一般设计公司是不做的。我们目前以动画为主，不需要做得那么精细就可以去给甲方汇报，而在动画表达这方面我们已经做得很好了，这方面我们占有很大的优势，拿下了很多的项目。

我们公司的VR设备更多地用在创作的过程中，办公室的VR设备一般都会一直开着，当方案做得差不多的时候，我们都会说“进去看看”，然后大家会在其中提意见，比如哪里不对、哪里空间太小或太大，VR技术我们更多的是用在公司内部，因为设计师主力还是年轻人，年轻人有一种对新事物的好奇感，而且对于新的软件、硬件的接受度会更强一些。在汇报阶段也会用Venus全景图的功能，会在文本里附一个二维码，但不是我们的重点。重点是动画，而且目前已经有些甲方在合同中明确要求做多长时间的动画。因为我们用Mars能够很轻松地做出动画后剪辑，剪完基本能达到“80分”的动画水平。

在我们做投标的时候有一个小故事，一共有三家单位，我们最后一个汇报，甲方都有点不耐烦了，我们的 PPT 也做得比较多，然后负责人就说那看一下动画吧。把动画一开，所有人的视线和注意力全部都在上面，大家都震惊了，都觉得第一名就是我们了，评委的反响也非常好。Mars 的动画功能确实提高了我们的竞争力，其实我们公司对 Mars 是很推崇的，包括光辉城市的项目经理到我们公司做售后，都震惊有很多模型建得特别细致，觉得 Mars 是真正有效地推进了设计创作，弥补了传统方式的缺陷。

颜勤：嗯，Mars 的动画功能的确比传统软件在操作性、实用性和效果方面都有较大的优势，那在 VR 创作体验过程，贵公司 VR 设备的使用频率如何?

卢寅：从 2017 年 8 月份购买 Mars 开始，公司的 VR 设备都开着，用得非常频繁，几乎每个项目都在用，不同的项目组时间节点不同，多的时候办公室的 VR 设备天天都有人用。对于个人来说一般是大约半个月的时间，一个 SketchUp 周期做完就会进一次 Mars，从附材质，打灯光，到最后进 VR 做整体的观察和再做修改，对于每个 SketchUp 模型的 VR 体验修改时间大约为一周到一周半。

颜勤：您认为 VR 或 Mars 最大的特点是什么?

卢寅： 我觉得 Mars 最大的特点一方面是应用于公共建筑，尤其是对城市和周边环境有重大影响的公共建筑设计。比如旧城改造，或重大的体育馆、博物馆等政府的建筑项目，会有很重要的建筑形象和文化性质，更多的是需要带入建筑师本身的设计理念，这时 Mars 的意义才会凸显出来。另一方面当然就是室内设计，因为任何室内都是贴近人的空间尺度，这时需要用 Mars 去直接的展现，才能让甲方更直接地观察建筑最后的成果是什么样的状态。

颜勤：您在做室内设计的时候有没有一些印象深刻的应用点?

卢寅：我觉得 Mars 对于家具方面还不是最吸引我的，最吸引我的是灯光，虽然我觉得灯光离真实的程度还有些欠妥，从真正室内设计的角度来说灯光的丰富性和表达程度相对较弱。但灯光却是最吸引我一直在使用 Mars 的主要点，因为灯光设计是传统建筑行业很难真正把控到的，你只能说我知道一个什么样的参数，让效果图公司的人去帮我实现它，但每次实现过程的周期通常会很长。目前我可以轻松地用 Mars 在几秒钟之内让灯光出现，然后把所有的灯光进行叠加后，形成一个我想形成的整体空间感受。所以从现在来看，家具的量还未达到一个规模效应，但灯光系统是很吸引室内设计师的。

颜勤：我也很认同这个观点，之前和英国的一位灯光设计师聊天，他体验 Mars 的 VR 功能后，表示在 VR 中能够让人相对真实地感知灯光设计的效果，这对室内灯光设计方案的把控非常重要。

卢寅：对的，有时候你可以说设计得“洋气不洋气”或“过时不过时”，有时候家具装饰只是室内设计的一部分，然而室内很关键的要素更多是来源于灯光，比如 20 世纪 90 年代的人和我们当下认知灯光的效果就很不一样，有时候你只要改几个灯，空间的感觉就立马变了。这是你在传统的设计过程当中完全做不到的，而且因为我们在效果图公司做过很多，效果图公司的很多灯光是“造假”，比如这儿明明没有灯，却在这儿做了灯带，看上去光线亮丽。你做出来的效果图和最后建成实现的东西相差非常大，很长一段时间其实设计师根本不知道为什么两者差距这么大，最后完工后的成果可能只有效果图的 70 分或 60 分。

所以关键在于效果图的灯光是假的，现实是达不到那个程度的，而 Mars 的一个好处是在很短的时间内形成一个带光线的效果，我就能用真实的灯光去“打”，“打”完之后我就知道我哪里需要补光，或者哪里的光线太强等。这时我可以迅速地在模型中进行调整，这是一个创作的过程，调整完之后我就知道能够选多少照度的灯光，用什么颜色，是什么样的状态，哪里有灯带哪里没有，即便它的效果达不到真实灯光的效果，但其实这个过程已经很大程度上优化对最终效果的把控。这也是目前我们对自己部门的设计成果很有信心的重要原因，因为我们知道自己的设计完工后是一个什么样的效果。

颜勤：您认为 Mars 在控制一体化设计方面，如 Mars 在材质库里面有一些厂商信息，对于项目后期运维方面有什么帮助？或者在您的领域有没有更好的建议？

卢寅：有很大的帮助，因为我现在做的是船舶室内内装，船舶内装和地面内装有很大的区别是根据需要运营不同“区域”，有一个叫“船级社”的机构去认证使用的材料、标准是不是符合条件，对材料本身的要求是很严格的，有时候地面常用的材料在船上是不能用的。如我们很常用的某个材料，但这个材料可能国内目前没有，或者有但品质不高。因为选择有限，我们很多时候是去套用现有的固定品牌的某型号，不像地面建筑在室内装修时可以请材料厂家另外给我开一个模，做一个生产，这在船舶行业目前来看不太可能，因为每次整体用量不大，不太可能重新开模。

所以我们对于材料固定的材质、颜色、品牌的选择是比较严苛的，而且是相对固定的。我们非常希望有这种功能，点一个材质，就能弹出哪个厂商的什么型号，以及这个材料的网址信息直接关联，打开主页之后我就能看到材料价格。因为做室内需要有家具表和材料清单，这样我就能很快地统计出来我的报价是多少，我和对手相比优势在哪里、劣势在哪里。我觉得这可能是 Mars 在未来很重要的发展走向。

颜勤：非常感谢您在百忙之中接受采访，为我们分享使用 VR 和 Mars 的体会！期待您在未来的设计中运用 VR 等新技术创作出更多的优秀作品。

第 8 章　VR 建筑学教育探究与实践

我们不能在无休止地一次次复古，建筑学必须前进，否则就要苦死。他的生命来自过去两代人的时间中社会和技术领域中出现的巨大变革。建筑没有终极，只有不断的变革。

——格罗皮乌斯

建筑是“高于一切”的艺术，它达到了同时兼备柏拉图式的崇高、数学的秩序、思辨的思想、存在于情感联系中的和谐境界。这才是建筑的目的。

——勒·柯布西耶

VR 技术在逐渐普及的过程中，对于整个教育领域无论是学前教育、义务教育还是职业教育来说都是一次能重新审视教学方法、更新教学内容的新技术手段。VR 技术是一个将三维交互直接呈现的工具和手段，而建筑学领域对于这方面特别的依赖，可以说是最需要 VR 技术的行业。VR 技术是建筑学教育领域的一次空前且巨大的变革，至少我这么认为。在这几年的创业过程中，和全国的众多建筑学高校、相关培训机构及设计院进行了深度的合作和交流，更加深刻地感受到建筑行业的痛点、社会和市场对 VR 技术的期待以及建筑学专业老师和学生们的需求。所以面对需求，促进建筑学教育的发展更新，寻求更适合建筑学专业学生学习的方法和手段是我从任教到辞职以来一直不变的情怀，也是我们光辉城市公司立足 VR 成立教育事业部的初衷，设想用企业的力量让建筑学教育的更新发展和时代的新技术接轨。

目前我们已经在全国多个省市的百余所开设建筑学的高校达成了校企合作协议。

覆盖建筑学、城市规划、园林景观、室内装饰、环境艺术等多个专业。先后与清华大学、同济大学、天津大学、重庆大学、深圳大学、南京林业大学、华侨大学、安徽建筑大学、昆明理工大学、北京交通大学、重庆交通大学、西南民族大学、西华大学、广州美术学院、四川美术学院、重庆建筑工程职业学院、海口经济学院、重庆工业职业学院等一系列高校深度合作，联合科研课题、实验/实训室共建、人才培养计划联合修订优化、协同竞赛活动、教学资源库合作建设、共建人才就业通道……

其中教学、VR 建筑实验室及 VR 实训基地等深度合作的学校截至 2019 年 3 月共计 40 余所，目前我们已经与清华大学、同济大学、重庆大学、浙江大学、北京交通大学等高校开展了“工作坊”等形式的教学交流。在这个过程中取得了令人惊叹的教学成果，为建筑学专业的学生开启了新的认识空间的技术手段，在这个过程中激发了学生们的想象力，让他们能够在 VR 空间中自由地体验和创作。这是我期待看到的，也是 Mars 在建筑学科中能发挥效用的支点。所以我想用本章节记录这几年在教育领域的各种实验和尝试，还有一些以小说方式呈现的“开脑洞”的设想。期待你能和我一同在教育领域的赛道上快速奔跑，共同寻找“VR 建筑学”教育及相关领域的奇点，为学科发展乃至社会进步贡献绵薄之力。

8.1 VR 建筑学合作聊天记

某天下午约了某建筑学院的院长聊 VR 的合作。

背着包，骑车晃悠十几分钟才找到河边这个咖啡厅。

院长带来了一个女老师，是个“蘑菇头”，据说是负责实验室的工作的。

我有点儿后悔骑车过来了，我都怀疑整个谈话过程中空气里会弥漫着汗液蒸发的味道。

必须补充一句，这姑娘长得确实很“专业”……

我点了一杯汤力水。

“您看有什么是我能帮上忙的，好歹我也在建筑学院当过老师，您直接吩咐便是”，没什么寒暄，我开门见山。

这时“蘑菇头”先说话了，她语速超快，我听着都感觉有些上不来气儿。

概括起来就是说她们学院去年建一个 VR 实验室，是 M 公司给实施的，大概是有一间教室，有硬件设施，然后之前也看到过我的微信推送，今天来体验了学生用 VR 进行的创作之后，觉得有些想法可以深入地谈一下。因为现在他们这个虚拟实验室可以用来展示的项目就一个，如果让 M 公司再做，还得花个几十万，有点儿不划算……

院长把手从窗外拿回来，这么一会儿他抽完了一根烟，北京室内禁烟，这估计会让他很难受。

他点头表示认可刚才“蘑菇头”的意见。

“我看你们可以直接把学生的模型做成虚拟漫游，这个挺好，我们要用你们光辉城市的 VR，是怎么个服务方式呢？”

到底是院长，一来就是直接问价钱。

……［此处省略我给院长介绍公司服务价格的（已经说了上百遍的）一段标准话术］。

“那不贵啊，小刘，你协调一下。”

原来“蘑菇头”姓刘，看来手上还有点儿权利，而且看上去年纪也不大……

“您今天现场体验过了吧，感觉咋样？”我想顺便做个用户调研。

“小刘体验了，感觉挺好的。”

“对对，感觉确实不一样，太神奇了……”“蘑菇头”叽里呱啦地夸了我们半支烟的功夫，我只能面带微笑频繁地点头。

果然不出我所料，在众目睽睽之下，以院长的身份是不会带上VR头盔去真正体验的，哪怕他心里再想，也会克制住，不过他通过观察“蘑菇头”体验时频繁的感慨，已经可以做决策了。

“宋老师，你觉得虚拟建筑设计有没有可能成为一个独立的专业？”

院长话不多，忽然冷不丁这么一问，看来这个问题他思考很久了。

“我觉得应该还好，因为VR现在是技术前沿，也是国家政策扶持的重点，从大方向上应该没什么问题，学校层面会比较支持，也好申报纵向课题……”

看到院长脸上掠过的一丝微笑，我接着说：

“我建议这个虚拟建筑设计专业不能跟现在的专业设置脱离，要不然学校里随便哪个学院都会去做了，还要把现有的学科优势和师资资源给整合起来。既然建筑设计和虚拟建筑设计都是空间的创作，那么基础课程应该是一样的，对基本审美和空间的训练应该也是一样的。也就是说，在现有课程基础上，增加三维模型和 VR 制作的一些课程就行了。这事儿就简单了，直接采购 Mars 软件就能够支持了……”

我意识到说得有点儿多了，还厚着脸皮给 Mars 打广告，赶快喝了几口水缓和一下。

“那你觉得虚拟建筑设计这个专业的就业前景如何啊？”院长不动声色地问。

我其实无法判断刚才他是不是听明白了。

“建筑设计和虚拟建筑设计既然都是建筑设计，那么主要区别就在这个虚拟上头，虚拟就意味着这里面涉及的成果可以是脱离真实的建造场景，可以应用到更广的范围，比如游戏、影视、旅游、娱乐……。这样的话，学生的就业范围就扩大了，就不仅仅是现有的建筑设计机构、地产公司、高校、政府相关部门了，也就是说人才的出口被放大了。”

“蘑菇头”在快速地记录着什么，院长盯着我，听得很认真。

“既然是虚拟建筑设计”，我接着说，“还可以定位在实现现实世界无法体验到的空间，比如完整的雅典卫城、古罗马斗兽场；比如阿房宫；甚至文学作品当中场景，像水帘洞、东海龙宫、桃花岛……现实的建筑可

以为人们活动提供场所，那虚拟建筑是不是也可以供消费呢？比如虚拟游乐场，比如阿房宫，也可以拿来收门票参观或者拍电影啊？那么培养的学生就可以参与到这个可消费内容的创造当中了……”

“蘑菇头”放下笔，看着我，好像要问什么问题，但她没开口。

我们聊得很深入，也很落地，“蘑菇头”也是很给力，毕竟体验了之后的效果确实不一样。

后面还聊了很多：

关于如何借助 VR 技术和校企合作来申报课题；

关于如何结合教改项目来运作；

关于 VR 实训室的联合建设，如何充实“VR 实训室”的内容；

关于教学大纲的设置；

关于师资的引进和培训；

关于课程体系建设；

……

写了不少了，再写真成了小说了

我得诚实地告诉大家，上面都是我臆想出来的，只要你想听，还可以有很多。

以上是2017年我在微信公众号里发过的一篇短文，很多朋友看了都表示很像真实发生的场景，以它作为建筑学教育探索的开场白，在其中透露了我的一些想法，例如开设新专业等设想。设想用“VR虚拟建筑学”或“VR建筑学”作为新的专业名称，将与我们合作的部分高校共同探索实现的路径和方法。VR技术是一种可以创建和体验虚拟世界的计算机仿真系统，VR将赋予建筑设计新的思维方式、新的建筑空间认知手段，让建筑学专业学生实现在VR空间中体验式地创作建筑方案，降低建筑学科的认知门槛并将促进建筑空间的认知迭代。

8.2 VR虚拟建筑学概述

建筑学随着时代的迭代与科技进步被赋予了更广阔的创作和表达的手段，VR技术变革颠覆了常规传统建筑学中对空间认知的方式，建筑学将与VR技术叠加融合，发展形成新的专业技术领域，我暂且称它为“VR虚拟建筑学”。“VR虚拟建筑学”是VR技术对建筑学科的一次理论延伸，它拥有了自身新的构成特征、内涵与逻辑秩序，是建筑学科蔓延拓展的新开端。在近几年多次教学实践与校企合作实验的过程中，学科设置与课程建设脉络愈发清晰，我设想用比传统建筑学学制年限更短的时间培养出更具创造力和空间判断能力的高质量“VR虚拟建筑学”专业学生，为国内建筑行业的良性健康发展持续地提供强大的后备人才力量。这批新生建筑师将以三维空间思维主导建筑设计，在体验中创造更具灵气、生命力、更加精细化的建筑。

“VR 虚拟建筑学”是基于 VR 技术发展而来，是建筑学专业学生和建筑师利用 VR 技术的硬件设备与软件平台沉浸式实时体验虚拟场景的功能空间进行建筑创作设计。与传统建筑设计方法最大不同之处在于学生们能够在大学一年级开设的画法几何、立体构成、空间构成等需要三维空间想象的课程中用 VR 体验的方式认知空间，化抽象为具象、化想象为体验，从培养学生三维空间思维能力的源头出发进行改变，这是 VR 介入的建筑学与传统教学方法最大的不同。或许在技术条件支持和允许的情况下，类似于“画法几何”这种课程几乎就不用再学了，剖面的空间想象也不再是学生们的难点，在 VR 的三维空间中体验能够极大地改善从前苦恼学生们的三维空间想象问题。

在大学二年级之后的建筑设计课程创作过程中，学生们对空间有了更加直观、深入的认知和把控能力。在设计课程的前期、中期和后期，学生们都能够通过穿戴 VR 硬件设备进入其关联的 VR 软件中以第一人称的“人本视角”体验“VR 世界”中自己创作方案模型的空间环境，并获得人体尺度的空间感知。前期，学生们从建筑设计草图阶段即能利用 SkechUp、Rhino 等模型文件进入 VR 世界中体验草图方案设计的空间，推敲空间体量，把握建筑空间的虚实关系；中期，学生们在运用 Mars 和 VR 的过程中，能够更好地把控建筑方案；后期，学生们能够从人的视角出发深化细部的结构构件及建筑各个部分的细节。利用 VR 空间体验后，学生们能够更准确地表达设计意图，更有效地与老师沟通交流，在一定程度上提升了空间认知的水平。

教育是一种令人钦佩的事情，然而需要时刻铭记在心的是：值得学的东西是教不出来的。

——奥斯卡·王尔德

8.3 VR 虚拟建筑学的“教与学”

“VR 化抽象为具象”，能辅助学生更好地理解知识、加深印象。VR 将知识型学习转化为体验式学习，使教育成为真正“因材施教”的个人体验。

“空间”是建筑学设计与研究的核心内容，建筑学科的教育着力培育学生从二维思维转向三维空间的立体思维方式，对空间认知的训练是建筑学入门的重点。建筑空间作为建筑学本体理论是国内外建筑师、研究学者不可避免的话题，通过图解的方式表达为建筑二维图纸指导建筑施工。学生对空间的认知和理解伴随着从概念草图、平立剖面向手工模型、计算机模型逐渐建立，然而传统建筑学很难在真实世界中建立 1:1 的建筑模型让学生们体验其中的空间（当然，小型的纸板空间模型除外）。计算机与设计的结合导致方法论与系统设计工作革命性的变化，有人称之为“第二次产业革命”。设计方法论和建筑本体论相结合，才能真正地在建筑设计及设计教学中发挥作用。建筑设计的系统化、理性化、科学化将成为未来建筑学科新的发展方向，VR 虚拟建筑学将改变教与学的思维方式、实现教师向教练的转化及个性化的定制培养。

8.3.1 有了 VR 体验的手段，老师到底扮演着什么角色

辞职之前我就在问自己这个问题，一个学生学习得好不好到底跟老师关系有多大？我尝试过把课堂上该教给学生的知识整理出来给学生自学，然后直接检查成果。我惊奇地发现，当你把目的说清楚，把规则说清楚，学生完全可以自己解决问题，这个时候，我只是扮演了一个组织者的角色，我把需要学习这个知识的人有效地组织在一起了而已。

我也尝试过在一个使用 Mars 和 VR 的建筑设计全过程中，完全不帮学

生修改方案，而是创造一种有明确目标的环境，比如大家一起把作业做成“绘本”，然后全程鼓励每一个人努力做到自己满意，做到问心无愧。我又惊奇地发现，原来老师不参与到学生的设计中，学生的作品也可以很惊艳。这个时候，我想我扮演的是一个教练的角色，借助 VR 实现教师向教练的转化。我跟大家在一起，为了同一个目标在努力，我只是安排时间节点并督促执行而已。

我用经验去帮学生改方案，会不会毁掉一个作品？

我凭什么认为自己的经验可以帮助学生呢？

那么，老师存在的意义到底是什么呢？

我觉得，学生学习的效果好坏，跟所处的环境和学习期间营造的气氛有直接关系，跟学生的整体努力和用心程度有直接关系，跟老师的关系不大。所以，学习的环境氛围才是最重要的，老师的作用正是在于营造这样的一个氛围。

科技体回归到根本，其实充满与生物共存的潜能，只需要把潜能发挥出来即可。学生在使用合适和工具时，其创造力能够被最大地激发出来，老师起到的是以经验教学和信息传递的作用，而当今“信息爆棚”的条件下随时随地都能获取新的信息，传统的教学信息传递的方式不再受到学生们的欢迎，VR 空间体验式的教学过程对于建筑学专业的学生是一种教学手段的拓展。这时，老师变成一名教练，为学生们创造一个良好的目标，有一个一起工作的环境，设定一个特定的任务和时间节点控制进度。把 VR 世界当成我们教学的训练场，让学生们自己发现问题、分析问题和解决问题，教练在关键时刻为学生解惑、提供多条实现的路径和方向，激励学生们在探索中找到适合自己的最好的答案。

正如爱因斯坦所说："应始终把培养独立思考和判断能力放在首位，而不是获取特定知识。如果一个人掌握了学科的基本原理并且学会了独立思考和工作，那么他一定会找到自己的道路。而比起那些一直被训练获取详细知识的人，他也更擅长适应进步和变化。"

教育通常做些什么？它把直直的水沟变成了蜿蜒而流的自由小溪。

——亨利·戴维·梭罗

8.3.2 教与学思维方式的转变

利用 VR 技术的沉浸式体验，将极大地弥补传统教学过程中教师通过语言、板书、幻灯片等方式教授知识与技能的"缺陷"，VR 将改变教学信息的呈现方式，教师可让学生们沉浸在 VR 世界中体验建筑体量、建筑空间、建筑剖面、建筑结构细节、建筑设备的布置等，并和学生进行互动式教学。学生在学习时将不再受困于三维空间的抽象思维想象，可以凭借 VR 设备将抽象思维转化为体验式的模式，提高兴趣的同时提升教与学的成效。让学生体验已经制作好的 VR 建筑物或建筑群，在与 VR 空间进行交互的过程中充分地体会建筑的空间构成，以及建筑物的每一个细节。这样学生不仅提高了对建筑空间的认识，并且更加能够体会到建筑师们意图想法。

利用 VR 软件平台可实现"网络授课""翻转课堂"等教学方式，设想在网络中为学生们提供在线学习的课程，时间不再是一个集中的固定值，而是一个能体验学生成长与能力提升的维度。学生们在网络中闯关并通过完成一系列的学习任务即可获得相应的学分，也可根据课程的需要形成工作小组进行团队协作，完成教学任务。也可以在任务中设置一系列激励机制，形成学习的正向反馈，提高学习动力。

在 VR 中开发教学平台将在一定程度上促进学生的兴趣，兴趣是学生学习进步最好的老师，以此观点制订相关本专业课程体系，以及相关拓展专业课程，供学生们在网络平台中选择自己感兴趣的课程，形成个性化的自我培养提升模式。网络平台将为学生们建立学习档案，绘制学生们的技能图，直观呈现其建模、表现画图、创造力等能力，通过技能图绘制判断学生们擅长的能力方面，并进行定制化的培养模式，对学生进行客观评价，为用人单位精准输出相应职位的人才。

8.4 VR 虚拟建筑学课程设想

8.4.1 建筑设计课程设想

VR 虚拟建筑学的课程体系依托建筑学的专业基础课程，包括中外建筑史、建筑与环境、建筑设计基础、建筑物理、建筑与文化、虚拟设计基础、三维模型基础、Mars 的应用等方面。建筑学课程体系的内容也能够结合 VR 或 AR 做三维立体可视化的优化，例如阴影透视、建筑构造、中外建筑史等课程，用 VR 能实现教学课程中的建筑模型案例。可以在 VR 空间中来认知建筑的阴影关系，建筑立面的阴影及透视关系会更加立体直观地呈现出来。针对与设计课程相关的建筑虚拟建构及建筑环境方面，我们可以用 VR 的方式对建筑物理、建筑技术、建筑施工等展开信息化内容的直观化模拟。

光辉城市教育事业部已经开始了教学内容的探索（表 8-4-1、表 8-4-2），如在建筑构造课程方面，通过建立一个正在施工的建筑模型，将建筑结构和细部暴露出来，让学生们在 VR 空间模型中真实体验施工过程。这种立体可视化的教学呈现方式比传统的课堂教学更加生动、有趣。而像中外建筑史等课程能够通过建立复原历史古建筑的手段，将中外著名的建筑场景在 VR 中还原呈现，让学生们能够在 VR 世界中深度认知，VR 体验可以让历史建筑变得可观、可感、可测量。

表 8-4-1　大学一年级课程内容设想

课题名称	课时 / 周	内容	工具 / 形式
构成训练	3	手工模型 + 多材质对比，手工模型——场景化训练，图纸模版	垫板，裁纸刀，胶水，尺子
乐高构成	4	空间构成，利用乐高积木做到整体协调，团队协作，每人一个地块	乐高积木
经典建筑赏析 + 讲解	2	提供经典建筑模型，选角度拍照，输出视频，找不同的切入点进行完整项目讲解练习	采取夏令营的方式，用 10 个经典建筑复原赏析
经典建筑复原	4	密斯的巴塞罗那国际博览会德国馆	收集建筑平、立、剖等资料，建模型
何多苓工作室复原	2	2 人一组，读图识图，给出 CAD 图纸，做出三维模型	手工模型或建模“3D”打印
出租车、网约车车站设计	4	做市场需求分析，车站作为“城市家具”的一种	建模型，导入 Mars 细化，体验 VR 空间
寝室改造设计	4	改为单人间，改为双人间，选择主题进行设计	绘制寝室的平面图，拍现状照片，VR 空间体验
天猫虚拟店铺设计	4	选择特定的店铺主题，根据主题功能开展 VR 世界店铺设计	在 VR 体验过程中完善，完成 Mars 成果输出

表 8-4-2　虚拟建构及建筑环境 VR 信息化课程建设

课程名称	序号	实验项目
虚拟建构及建筑环境模拟	01	建筑场地设计
	02	建筑室内热环境
	03	建筑室内声环境
	04	建筑室内光环境
	05	装配式施工模拟
	06	框架建筑施工模拟

针对 VR 虚拟建筑学的设计课程，我们展开了“不同话题”“大开脑洞”的设计题目设想，面对热点话题及社会现实需求，建筑学专业的学生乃至建筑师应该具有更加前瞻性的视角与洞察，为社会中的各种人群创造更加适宜的城市与建筑空间。所以我们针对“社会话题”“平行世界 Tom@to 星球计划”“虚拟建筑设计”“虚拟空间设计”等几个方面设想了多个设计课程的题目，目的是从广度与深度方面拓展学生们的认知能力，激发他们的学习兴趣与主观能动性，让教师的角色向教练逐渐转化。

1.“社会话题”设计题目

医院加床的改造设计：如何应对大城市医院里住院拥挤的现象，实地调研开展分科室设计。

临终关怀场所设计：关注“NGO”组织，从人的心理需求出发。

两个孩子的房间布置：“二孩”时代的室内设计，选择不同年龄差，如差 3 岁、10 岁；选择不同性别孩子组成，如男男、女女、一男一女；选择男孩和女孩的年龄大小组合，如“男”>“女”“女”>“男”。

留守儿童活动中心：关爱留守儿童群体的生理及心理发展需求，根据儿童不同年龄段的需求设计适宜活动玩耍空间。

长时间站立服务人员的椅子：如超市收银员、理发师等。

社区包裹存放装置：如何便于存放和取出，怎样节省空间，达到美观、适用。

长时间排队的空间设计：如何组织流线让长时间排队等候的人员在途中获得良好的空间心理感受。

旅游景点的 VR 体验中心：让体验中心成为一个游客喜爱的景点，把不同旅游景点的特征完美呈现，例如自然风光景点、人文景点、城市标志性景点等。

网红景点打卡拍摄场景：针对特定的网红景点，结合实地景点特征选择最优的角度设计拍照场景。

公交站改扩建之城市网约车站：城市网络约车成为新兴的出行方式，结合公交站进行改建或扩建设计，为大众出行提供方便。

安全的地下车库空间：封闭的地下车库成为某国城市里犯罪高发的消极空间，如何通过设计或使用新的信息管理手段提高车库的安全性，变“消极”为“积极”？

2.“平行世界 Tom@to 星球”设计题目

天猫店铺的虚拟化（Tom@to，多个行业）。

地产的虚拟售房部（Tom@to，给出楼盘来做品牌售房部）。

汽车 4S 体验店（Tom@to）。

一块儿城市绿地的灵活使用（Tom@to 大、中、小）。

房车聚会场地（Tom@to）。

驴友的补给站（Tom@to）。

公共绿地上的“失意”酒吧（Tom@to）。

我的家（Tom@to）。

经典建筑公园的大门（Tom@to）。

3.“虚拟建筑”设计题目

“分手”纪念馆。

养老院。

家的博物馆。

超大城市压力释放中心。

照相馆。

密室逃脱。

鹊桥。

4.“虚拟空间”设计题目

结伴长途旅行的火车厢。

酒吧附近的醒酒设施。

快速搭建的城市展演装置设计。

节日的寝室。

幼儿园的大门。

婚礼的全景邀请函。

8.4.2 建筑设计课程开展方式

1. 经典建筑虚拟赏析

想更了解一座建筑，你会用什么方式呢？从书本上尽量看懂毫无概念的建筑图纸；抽身远途去到实地近距离欣赏感受；观看电影或者相关纪录片等。这些方式是10年前的建筑学专业学生常用的方式，在这个技术变革的信息化时代，“SketchUp+Mars+VR”就能让你游览曾经需要历经千里迢迢遥远路途的经典建筑。我们用密斯·凡德罗的巴塞罗那德国馆作为经典建筑虚拟赏析的案例为大家展示。巴塞罗那德国馆可谓是“命运多舛的建筑”，由密斯·凡德罗在1929年设计建造，八个月后博览会结束即被拆除；经过了 56 年，才在巴塞罗那政府的支持之下得以在原址重建。

密斯·凡德罗利用极其简单的元素，把建筑的不同空间以及不同流线划分出来。

巴塞罗那德国馆（实地照片）

巴塞罗那德国馆（Mars 建筑还原）

作为密斯·凡德罗的代表作之一，巴塞罗那德国馆完美地贯彻了其“流动空间”的主张，VR 能够帮助学生们身临其境感知空间。

巴塞罗那德国馆庭院（Mars 实时截图）

利用 Mars 软件“一键”进入 VR 场景的功能，达到多视角、多角度的沉浸式体验，让大家身临其境地感受空间的流动性，也可通过 Mars 人物漫游视角进入建筑感知空间：位于 8 根柱子形成的矩形空间内，3 面相互垂直的墙面围合成了室内空间，一面玻璃隔断分割了内院空间和室内空间。

巴塞罗那德国馆——Mars 模型拆分（实时截图）

玻璃隔断和室内的大理石墙之间，由一面双层磨砂玻璃连接。在晚上，磨砂玻璃内部的灯会亮起，同时为内部空间和室外灰空间提供照明。室外的灰空间，自然形成了一个绝佳的避雨凉亭。

巴塞罗那德国馆——灰空间（Mars 实时截图）

Mars 软件将十字柱子、缟玛瑙墙面、雕像这些简练而精致的细部也进行了一一呈现及解读。德国馆的屋顶由 8 根镀铬的十字钢柱支撑起，我们甚至可以清楚地看到柱子的十字结构。

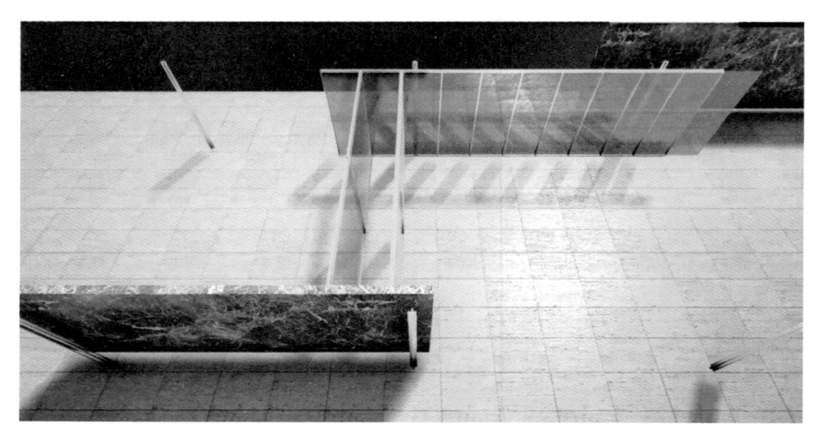

巴塞罗那德国馆——柱子与墙体分割空间（Mars 实时截图）

巴塞罗那德国馆——在 Mars 中还原柱子细节

缟玛瑙装饰的墙面、灰色的地毯、由密斯·凡德罗亲自设计的巴塞罗那椅，以及一面窗帘，设计师在内部空间中通过这些简练而精致的细部，营造了另一个空间，一个“中产阶级式”的客厅空间。

巴塞罗那德国馆——客厅空间（Mars实时截图）

在水池的一角还摆放了一个雕像，这是密斯·凡德罗精心设下的一个视觉谜题。这个看似随意摆放的雕像，其实是整个场馆空间的关键焦点。

巴塞罗那德国馆——水景庭院空间（Mars实时截图）

巴塞罗那德国馆——从客厅空间看庭院（Mars 实时截图）

巴塞罗那德国馆在 Mars 的 VR 世界中被高度还原，以其自由、高贵、雅致和生动的艺术品质，向人们展示了高质量的建筑艺术，并对 20 世纪的建筑艺术风格产生了广泛的影响。学生们沉浸其中的空间体验比单纯从图片、文字、建筑图纸更具有身临其境的空间感知，我们也会在以后不断地更新大师经典建筑，复原更多的空间体验案例场景。

2. 游学的方式参与测绘活动

在建筑设计本科教学过程当中，针对经典建筑的学习是非常重要的一个环节。无论是在设计初步还是在中西方建筑历史课程。传统的学习方法无外乎是抄绘、分析图、做模型……，其实我们清楚，对一个建筑最好的理解就是去现场感受，感受此时、此地，感受与大师在其创造的空间中交流。但是现实并不具备这样的条件，所以，VR 技术在这个方面就可以发挥出最大的价值。

针对经典建筑虚拟赏析的课程内容开发，我们计划组织学生参加暑期夏令营以游学的方式参观大师作品（表 8-4-3），如根据游览赖特、柯布西耶、安藤忠雄等建筑师的建筑案例，制订相应的游学行程，用一种“本土”的、“沉浸”的方式来与经典建筑相遇。目的不是走马观花地观光建筑，也不仅是实地寻访，而是在游学的过程中搜集资料，实地测绘并利用 VR 技术复原大师建筑，学生将作为虚拟空间设计师通过 Mars 软件和 VR 技术将入经典建筑的虚拟世界。不断丰富的 VR 平行世界，会让更多的人可以随时随地与经典建筑互动。测绘研读经典不是为了提高软件操作技能，而是透过现象看本质，深度挖掘建筑大师的设计理念、细节表达手段及对空间的把控。

表 8-4-3 经典建筑游学测绘项目

课程名称	序号	游学项目
经典建筑赏析	01	赖特的建筑
	02	柯布西耶的建筑
	03	贝聿铭的建筑
	04	理查德・迈耶的建筑
	05	安藤忠雄的建筑
	06	伦佐・皮亚诺的建筑
	07	扎哈・哈迪德的建筑
	08	瑞姆・库哈斯的建筑
	09	理查德・罗杰斯的建筑

3. 与设计院联动的教学模式

传统的建筑设计课程时常会陷入自娱自乐、不注重实际经济效益的境况，原因之一不外乎在教学过程中授课内容与企业、社会、市场的脱离，所以产教融合的教学方式能够在一定程度上改善“象牙塔”似的大学教育模式。设想在大学不同年级里渗透相应的实际项目，与设计院联动共同完成实际项目，让学生们在掌握不同功能建筑设计要点的同时参与到实际项目中。能够在理论结合实践的过程中了解社会和市场需求，进一步明确建筑设计的目标，理解相应的规范并能够随时应用。

光辉城市教育事业部已经和全国众多高校开展了教学科研、创新创业、就业等方面的产教融合合作（表 8-4-4），采用联合工作坊、实训基地共建等方式与企业联动教学，整合校企之间的资源，培养的学生能够更加适应社会的需求，全面地提升学生的能力素质。在提升人才就业效率的基础上，创新创业项目亦可基于应用环境和专业技能有效开展，通过产教融合发展思路，实现专业技能快速行业应用实践、快速商业项目孵化、持续商业项目外包以及优质商业项目联合孵化等。

表 8-4-4　光辉城市教育事业部产教融合模式

合作 / 服务类型	内容	合作 / 服务内容
教学科研合作	1. 课题成果支持服务	1. 定制教学成果输出内容 2. 配套课题成果包装方案
	2. 人才培养计划修订优化咨询	1. 专业针对性人才培养计划优化方案咨询 2. 配套课程及评价体系共建 3.VR 技术课程优化方案咨询
	3. 教学活动合作	1. 设计营、特训营活动合作 2. 校企合作公益活动 3. 职业技能竞赛、信息化大赛等赛事配合
	4. 仿真课程 / 实训资源库共建	1. 资源库体系建设方案咨询 2. 定制专业配套数字课程、VR 仿真实训课程 3. 共建标志性课程资源库
创新创业	5. 产教融合 / 双创项目合作孵化	1. 双创项目、产教融合项目合作培训、孵化 2. 标杆级双创项目合作申报、运营 3. 标杆级产教融合项目合作申报、运营
就业通道	6. 人才就业通道优化	1. 校企合作顶岗实习 2. 企业毕业生人才资源培训上岗 3. 合作一线设计机构人才就业推荐 4. 商业培训认证

真正的教育导致不平等的出现：个性的不平等、成功的不平等、才赋 / 天才的极度不平等。因为不平等而非中庸、个体优越性而非标准化才是衡量世界进步的尺度。

——美国教育家菲利克斯 · E. 谢林

8.4.3 光辉城市 VR+ 建筑学教育

在开设“VR 虚拟建筑学”新专业之前，光辉城市计划用企业的方式做一些教学尝试，压缩建筑设计师的快速迭代成长的时间，在大学本科三、四年级的课程中用四次设计快速覆盖，期望用七周的时间开设虚拟空间设计课程，培养学生的建筑学空间认知与把控的能力。计划从单一形体空间和单元空间组合两方面展开教学，以空间的规模大小来设定不同的设计题目，我们将空间大小类比为衣服的型号，分别为 S、M、L、XL 四种类型。

S 型号为入门的体验型设计，拟定的题目为居住空间——VR 世界的家；M 型号为加强练习的观察型设计，拟定的题目为交往空间——建筑化的互联网；L 型号为强化练习的研究型设计，拟定的题目为展示空间——VR 虚拟展馆；XL 型号为毕业设计的探索型设计，拟定的题目为——Tom@to 星球大战。在设计过程中分别培养学生们的尺度练习、城市观察能力、建筑测绘技能及古建筑复原能力，提升 VR 虚拟建筑设计的综合能力。

1. 教学框架（表 8-4-5）

表 8-4-5 教学框架

单一形体空间设计		单元空间组合设计	
入门设计	练习设计		毕业设计
体验型设计	观察型设计	研究型设计	探索型设计
S 居住空间 尺度练习 住宅设计 软件教学	M 交往空间 城市观察 社区设计 软件教学	L 展示空间 建筑测绘 展厅设计 软件教学	XL 幻想空间 古建筑复原 城市设计 软件教学

注：任务书是对课程设计的一个总的要求和控制，在教学中，有可能根据实际情况做出进一步的调整和修改，设计部分的内容各人要根据自己的项目做自拟和深化。虽然在任务书中，理论研究、技巧练习、设计实践和软件教学是分开或分阶段的，但在实际过程中，这四者应该是一个整体，不应截然分开。

2. 内容及课时安排（表 8-4-6）

表 8-4-6　内容及课时安排

课程类型	课时安排	理论研究	技巧练习	设计实践	软件教学
S	一周，45 学时	体验型设计 4×1 学时	尺度练习 10 学时	住宅设计 27 学时	软件教学 4×1 学时
M	两周，90 学时	观察型设计 4×1 学时	城市观察 26 学时	社区设计 51 学时	软件教学 9×1 学时
L	两周，90 学时	研究型设计 4×1 学时	建筑测绘 26 学时	展馆设计 51 学时	软件教学 9×1 学时
XL	两周，90 学时	探索型设计 4×1 学时	古建筑复原 38 学时	城市设计 39 学时	软件教学 9×1 学时

3. 任务书

课题 S：居住的空间

教学目的

1. 学习从体验着手展开设计，将建筑看作身体器官的延伸，通过直接的三维空间操作来做设计。

2. 分析在现实和虚拟条件下，人们对居住空间的基本需求、行为方式和空间感受。

3. 培养尺度感，明确尺度在空间设计中的核心地位。

4. 理解不同时代工具的发展对建筑设计的推动，探讨工具的局限性。

技巧练习

利用 Blocks 软件在 VR 里完成一个场景设计。

设计实践——VR 世界的家

“家”是我们一生中最重要的场所，代表着安定、拥有、私密和稳定。

数字化持续重塑我们的日常生活，我们需要研究如何调整生活空间以适应这些变化。“混合现实门户”作为我们进入 VR 世界能看到的第一个建筑，就是我们在 VR 世界里的家，也是一个建筑化的“平台系统”。这一次，要求设计一个作为家的混合现实门户。

基地面积：约 $400m^2$；建筑面积：$300m^2$（±10%）；建筑高度≤ 9m。

建筑基本功能配置参照（可根据使用需要另外增加和调整部分内容）：起居空间、工作空间、卧室、餐厅、厨房、卫生间、储藏空间、洗衣房、车库。

课题 M：交往的空间

教学目的

1. 学习从观察着手展开设计，寻找场地中元素之间隐含的关系，将场地信息重组和可视化。

2. 分析在现实和虚拟条件下，人们对交往空间的基本需求、行为方式和空间感受。

3. 培养“文脉观”，批判性认识全球化背景下的建筑地域主义。

4. 理解建筑学并不是宏大叙事，推动建筑向日常生活回归。

技巧练习

根据设计实践单元所选互联网产品的类型，研究城市历史城区特定的交往空间。

设计实践——建筑化的互联网

作为第一代的互联网原住民，这个由 1 和 0 组成的信息网络在某种程度上已经取代了传统认知上的物理空间，成为我们交流的公共场所。在这个庞大的数字世界中，不管是互联网时代的网站还是移动互联网时代的“App”，都可以看作是一个个功能“自洽”的社区。在这样的一个社区里，人、物和信息是怎么互动与流动的？社区的功能、材质与结构是怎样的？这一次，用建筑学的眼光来设计互联网。

基地面积：约 2000m^2；建筑面积：2000m^2（±10%）；建筑高度不限；建筑基本功能配置根据所选互联网产品自定义。

课题 L：展示的空间

教学目的

1. 学习从研究着手展开设计，建立以研究为主线的设计态度，设计不仅是画图，设计的问题与设计的方法，都是一个深入思考的结果。

2. 分析在现实和虚拟条件下，人们对展示空间的基本需求、行为方式和空间感受。

3. 培养构建空间形式、组织空间秩序的技巧。

4. 理解“无之为用”。

技巧练习

利用 SketchUp 和 Mars 测绘并复原所在城市中的建筑大师设计作品。

设计实践——VR 虚拟展馆

展厅是综合物、人、场等要素组成最佳空间，以传达特定信息为目的进行展览、展示活动的地方。利用 VR 技术的瞬时性和沉浸感，将展厅及展示产品三维化，带给观展者足不出户就能身临现场的体验。

基地面积：约 8000m^2；建筑面积：8000m^2（±10%）；建筑高度≤ 24m。

建筑基本功能配置参照（可根据使用需要另外增加和调整部分内容）：

1. 展厅：固定展厅（1000m^2/ 个，共三个）、临时展厅（500m^2/ 个，共两个）、各展厅均附设休息区和储藏间。

2. 大小会议室：小型会议室（2 间，每间容纳 20～30 人）、中型会议室（1 间，可容纳 50 人）。

3. 学术报告厅：可容纳 300 人，附设贵宾休息室、音响控制室、储藏室及服务用房。

4. 研究用房及档案室：建筑面积约 600 平方米。

5. 卫生间及其他。

课题 XL：幻想的空间

教学目的

1. 学习从探索着手展开设计，调动空间想象力来设计城市。

2. 分析在现实和虚拟条件下，人们对幻想空间的基本需求、行为方式和空间感受。

3. 培养对于材料和结构等建构知识的认知。

4. 理解思想有多远，设计就能走多远。

技巧练习

利用 SketchUp 和 Mars 研究并复原《清明上河图》。

设计实践——Tom@to 星球大战

Tom@to 星球由若干地块组成，四周环绕海水，建筑物可以自由向上、下两极延伸，海陆空交通网络阡陌交错，这个世界既虚幻又真实。我们来到这个数字构建的虚拟世界，创造一个小世界，共同建设新家园。这一次，加入光辉城市 Tom@to 星球大战。

基地面积：外径 1800m，内径 1000m；建筑面积：60000m^2（±10%）；建筑高度不限，建筑基本功能配置根据所选主题自定义。

8.4.4 平行世界星球计划——月球之旅任务书

星球计划是让设计回归创意的系列设计任务，我们的故事就从月球开始，现在看到的月球，没有水，没有植物，没有人，这是真的没有么？不是，其实每个环形山都承载着一个故事。现在我们的月球什么都没有，那是因为故事还在等着我们去书写或者去创造。我们，将带来平行世界月球的一次大繁荣。

环形山是我们每个空间的标准背景，我们并不需要在环形山之间建设道路，因为在虚拟世界，我们可以直接利用每个环形山的编号穿越到另外一个环形山，当然，由此就需要在每个环形山内部规划出一个起始点，这个起始点是空间车站，我们从这里出发，在这里抵达，这里，是环形山的圆心。

现在，我们的设计师分别抵达了各自的起始点，当然，这个起始点什么都没有，除了周围隐约可见的环形山。我们作为代表各自学校第一个抵达的使者，我们有着太多的使命，我们有义务用最短的时间来设计并建设一个驿站，这个驿站未来将成为这个环形山的空间车站。我们要在这里迎接我们学校的每一个学生，帮助他们找到的那个虚拟世界的自己，并在这里开始虚拟世界的旅程。

那么现在，我们要把最基础的功能设计出来，构建我们第一个驿站。

既然是个起点，那么要求也很简单，需要至少有一个大厅，我们从这里出发，在这里抵达。需要设置一个很大很醒目的通告栏，有什么信息发布会在客人抵达的第一时间看到。你需要给自己设计一个方便找到的办公区域，至于办公区域里面应该有什么陈设，可自行判断。这个项目是个完全开放性的题目，希望可以将自己带入，仔细思考，自由畅想，完成这个踏上月球的第一步。

月球环形山驿站选址

【项目任务】：在月球上创造一个属于设计师自己学校的驿站。

【项目参与】：最具挑战精神、极富创造力的年轻人设计师。

【任务要求】：

1. 设计师开始将拿到一个环形山基础模型，这个环形山可建设区域为半径 60 米的 SketchUp 基础模型，作为设计师的第一站。

2. 制作并在 VR 中体验设计的驿站空间，并在其中推敲方案的合理程度，用 Mars 软件表达与汇报。

3. 设计师们在平台上建立一个“登月计划项目组”，在这个工作组里面可以共同交流，并且可以观看到其他人的项目情况，一起创造与学习。

【任务规则】：

1. 没有成本限制。

2. 没有土地限制。

3. 没有规范的限制。

4. 允许两个或者三个设计师共用一个环形山，环形山的范围可自行确定。

【任务时间】：

任务时间为一周：

（1）第一日：发布任务，头脑风暴。

（2）第二日：学习 Mars 软件，掌握基本操作。

（3）第三日：设计项目方案，交流讨论，初步确定概念模型。

（4）第四日：建立模型、推敲确定方案。

（5）第五日：用 Mars 表达空间方案。

（6）第六日：制作汇报资源，确定汇报方式。

（7）第七日：全体汇报方案总结体会心得，可采用 PC 漫游、全景图、全景视频、三维动画和 VR 等方式。

8.5 VR 建筑学教学实践尝试

2016 年 7 月，我从教师、建筑师的角色转化为一名创业者，我对教师这个职业一直充满着敬畏，对讲台和与学生们一起做设计的教学过程还是有些小小的留恋。至今算起来辞职已经有快三年的时间了，然而教师这个职业却成为我人生中不变的情怀。所以在创业的途中，我仍然持续地思考用新的技术方法改变当下建筑学的教学模式。早在学校期间就已经做过两次 VR 引入设计课程的教学，创业阶段以企业的名义和全国知名的建筑学高校开展了一系列的高校联合竞赛、联合教学、工作坊等活动，同时也参加了一些社会活动，组织了学生和教师的培训活动等。以下我将为梳理两年来我和我们光辉城市教育事业部做过的教学尝试（表 8-5-1），希望对你有帮助和启发。

表 8-5-1 已开展的 VR 教学与相关活动实践（截止 2018 年 8 月）

序号	实践时间	时长	实践课程名称 / 活动名称	开展院校 / 地点	开展方式
01	2016 年 1 月	4 周	虚实相生——基于实景的限定要素空间构成	重庆大学	自组织——教学课程
02	2016 年 6 月	4 周	VR 绘本——概念建筑设计	重庆大学	自组织——教学课程
03	2016 年 11 月	4 周	小型展示空间专题设计	西南交通大学	技术支持——教学课程
04	2016 年 11 月	4 周	寻找未来建筑师空间设计竞赛	安徽建筑大学	技术支持——教学课程
05	2017 年 6 月	2 周	“北京建造节——虚拟建造”高校联合竞赛	北京交通大学	带队——联合设计
06	2017 年 6 月	10 天	“可视化与物质化”建造营——从诗歌到场所的转换	同济大学	带队——联合设计
07	2017 年 12 月	2 周	建筑 VR——看不见的城市	深圳双年展	技术支持——联合设计
08	2017 年 12 月	8 周	AA 北京访校创意工作营	清华大学	带队——联合设计
09	2018 年 1 月	1 周	Mars 寒假集训营——非建筑学专业学生培训	成都	自组织——竞赛
10	2018 年 3 月	8 周	空间构成	西华大学	技术支持——教学课程
11	2018 年 4 月	1 周	Mars 训练营	海口经济学院雅和人居工程学院	带队——教学课程
12	2018 年 5 月	4 周	立体构成设计	广州大学	技术支持——教学课程
13	2018 年 5 月	4 周	毕业设计	广州美术学院	技术支持——毕业展
14	2018 年 5 月	4 周	毕业设计展	华南师范大学美术学院	技术支持——毕业展
15	2018 年 5 月	1 周	幼儿园设计	昆明理工大学	技术支持——教学课程

（续）

序号	实践时间	时长	实践课程名称 / 活动名称	开展院校 / 地点	开展方式
16	2018 年 5 月	11 周	空间构成	深圳大学	技术支持——教学课程
17	2018 年 7 月	10 天	Mars 暑期工作坊	浙江大学	技术支持——教学课程
18	2018 年 8 月	1 周	高校教师暑期研修班	重庆光辉城市	自组织——教学培训

8.5.1 虚实相生——基于实景的限定要素空间构成

故事得从 2015 年夏天我去香港中文大学参加顾大庆先生组织的《全国建筑设计教育研习班》开始说起。所有老师一起动手去实现自己的空间想法，是一件很愉快的事，但是当要熬夜连续做三个模型，用于推敲材质和对比光影效果的时候，我隐约觉得有些工作用机器帮助人去做可能会更好。

从香港回来，我就一直在琢磨怎么把这个空间体验用 VR 技术来在教学中实现。经过半年的准备，2016 年初，我在学校任教时和戴秋思老师一起做了一次将 VR 技术运用在建筑设计教学的尝试，我们把 VR 漫游应用到了建筑学一年级的空间构成的课程里面，这是完全不同的一次教学体验，全过程让学生用漫游的方式体验并优化自己的方案，取得了比较满意的成果。在过程中真真切切地感受到了技术提升对于设计方法的改变，也希望能通过课程的方式让更多的学生体会到这种变化。

1. 课题设置

本次选题是重庆大学建筑城规学院建筑学专业本科教学一年级下学期构成系列课程（平面构成、立体构成、空间构成）中的空间构成部分，用 Mars 的前身 SMART+ 做的一次为期 4 周的 VR 教学尝试。借助 VR 漫游的第一人称体验，从一个全新的视角来探讨空间构成的设计和教学方法。

（1）设计目标 训练学生在给定的实际环境地形条件下把握操作空间的能力，了解空间、形体、人的行为以及环境要素在设计中的互动关系；提高学生对环境空间品质的理解和认知，让学生逐步建立起尺度和比例的设计概念。

（2）设计内容

1）在给定的实际环境基地关系中运用点、线、面、体等构成要素形式对环境进行空间的划分和构造，从而为基地提供一个具有景观价值和满足人们某种特定需求的空间场所。

2）本次设计要求在给定的环境条件下，考虑空间基本的使用要求、尺度，运用构成原理，进行空间组合设计和形体设计。

3）限定要素包括：

① 在给定的实际环境基地，划出一定的公共区域，设计方案要与公共区域相衔接。

② 每个方案要与相邻地块设计有一定的关联。

③ 方案要考虑所处地形条件和材质种类整体的协调。

（3）设计条件 课题的实际环境基地，选择在具有独特山地地貌与滨水特征的磁器口古镇，场地面积为 5100m^2 左右，在给定的基地条件中选择一块 250 m^2 场地进行空间操作。

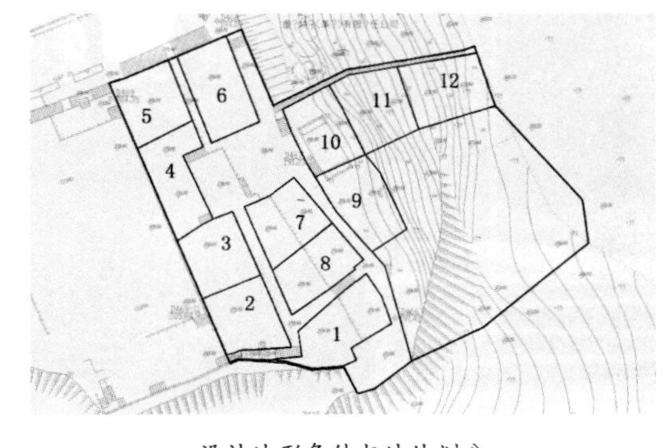

设计地形条件与地块划分

（4）教学分组　本课题共选择 24 位学生参与，均从建筑学班级抽取，遵循自愿原则，组成临时的课题成员组；再将其分为 2 组，每组 12 人。每人均须独立完成课程设计。12 个地块即供给每组的 12 位学生进行用地选择。

2. 教学阶段和教学内容

教学的总时长为 4 周，分为三个阶段。

（1）阶段一：授课、认知、构思　阶段一即设计的第一周，教学方式为集体授课与课堂讨论。前半周讲授建筑空间限定的设计手法、案例分析，引导初学者建立起对空间、空间构成要素、空间构成方式的基本认知，同时指导学生熟悉任务，课后进行现场调研；后半周分组开展头脑风暴设计构思的讨论，让学生逐渐清晰自己的设计方向，明确自己要“做什么”的问题。

（2）阶段二：建模、体验、研讨　阶段二为设计的第二周及第三周，参与的人员有三类，即学习者、教师和观察员，他们的工作具有相对独立性但有着很大的交互性：学生制作 SketchUp 模型，登录教学平台对阶段性方案进行 VR 漫游；每个学生须在课堂上进行 VR 漫游体验和讲解，集体讨论并提出修改建议；教师以第一人称视角在设计方案里进行全方位沉浸式 VR 漫游体验，发现不足即与学生在线讨论和交流；观察员作为非教师角色，由任课教师邀请加入课题组，可以从不同的立场对方案进行虚拟体验和点评，其观点可以作为教师教学的参考，他们在线与学生互动；为期两周的时间，是建模（包含修改）、VR 漫游体验、师生观察员三方交流的反复的过程。

（3）阶段三：表达、展示、交流　阶段三即设计的第四周，工作内容包括：教师为学生提供统一图纸模板，规定出图纸上每个板块所要表达的内容，其目的是让学生将其主要精力放在方案设计上，利用 SMART+ 教学平台直接生成成果；图纸的主要内容有方案的整体表达，重要节点空间的不同风格材质表达，方案的空间序列表达和平面、立面图表达等，并要求每个方案都配有 VR 体验的二维码；在下半周进行“正草评图”，优化并最后调整设计方案，做最后补充交流。每组的设计定稿后，成果被汇总并融入项目的虚拟环境中去，结合地形，实景融入，形成相互衔接、空间贯通的群体空间。课题成果（图纸和虚拟漫游体验）在本课题的最后一次课上、在学院中庭开放展示，老师、学生等共同参观设计成果，体验 VR 漫游并与设计者交流互动。课题结束后师生均对课题进行了总结：学生对本教学实践发表学习者感悟和心得体会；教师对本教学实践课题进行结业总结。

3. 本次课程的 3 个亮点

1）一些简单软件例如 SketchUp 的学习，排版软件的学习都是在课下自组织的学习，学习时间成本可能只要 1 天。

2）在重要汇报节点，加入 VR 设备，让外专业的老师来做沉浸式体验，从不同的视角对方案进行点评以缓解单一评价对学生的影响。

3）Mars 的前身 SMART+ 有一个在线漫游并双向提交意见的平台，将自己的 VR 文件提交给老师，老师可以通过在 VR 项目里漫游的方式，远程对作品进行点评。

4. 设计成果展示

学生们在完成规定的设计图纸之外，还完成了整个地块的漫游动画视频，在 VR 中的沉浸式体验感让学生们更加深刻地认知了设计方案空间，以下展示的是漫游动画的视频截图和两名学生的“A1 图纸”成果。

设计成果展示

逢 基于实境的限定要素空间构成
Spatial Composition within Environmental Limits
一层平面图 1:150
总平面图 1:200
二层平面图 1:150
三层平面图 1:150

学生设计作品成果（一）

设计说明：
本设计以折为主要手段，时围时透，虚实相生，各自呼应。主体扎实于台地，线条流动于空间。
VR全景
矮纸斜行闲作草
一基于实境的限定要素空间
SPATIAL COMPOSITION WITHIN ENVIRONMENTAL LIMITS
主透视
一层平面
二层平面
三层平面

学生设计作品成果（二）

8.5.2 VR绘本——概念建筑设计

正是因为有了“虚实相生”的第一次VR教学尝试，让我坚信工具的升级必然会带来创作方法的改变。VR不仅仅是一种表达手段，更是一种全新的、基于三维交互的创作环境，让设计者可以用第一人称的视角去体验自己的作品。同样在2016年6月重庆大学建筑学专业大学一年级下学期的最后一个课程设计中引入VR体验式教学，因此诞生了第一本VR建筑学设计成果的绘本。这群大学一年级的学生将他们天马行空的想象力和纪念青春的美好情怀寄予VR技术做出呈现，这确实是一个大胆而新颖的尝试。学生们从概念建筑设计的课题中找到和VR技术的结合点，通过在虚拟星球上的构想，让所有建筑突破规则和边界。一个简单的构想最终变成一本沉甸甸的绘本，12位主角付出了很多努力，学生们把青春、浪漫、畅想、童话都融入了设计方案和叙事情节中。

绘本故事概述

这是一个发生在“Tom@to”星球上关于青春和记忆的故事。

在神秘而美丽的“Tom@to”星球，每个孩子在成年的第一天便会离开家乡去追寻自己的梦想。

他们的珍贵记忆都收藏在星球边际的“记忆博物馆”里，如果想要缅怀过去、重温美好，只要“捡起”记忆，就能重现当时的情景。

绘本共讲述了12个故事，一个故事对应一个二维码。主角是一个小女孩，她进入了这些珍贵的回忆。

《随风而逝》：见证了友谊的“Baroque”纪念馆。

《wedding》：见证了无数幸福的“幸福桥”。

《陨云·故事集市》：人们买卖记忆的地方。

《You Th 酒馆》：每个年轻人度过成人礼的地方。

《漂浮的阅览室》：一场意外将两个好朋友分开。

《飞屋》：女孩想飞到朋友的身边。

以下节选了绘本的部分页面，一起来看看吧。

星球的最边上是一处高台
传说很多年以前有一对老夫妻
老爷爷驾着鲸鱼，老奶奶驾着海龟
他们中一个永远在天上飞，一个永远在海里游荡，
从未相遇

你说灯火纸窗共话诗书
可是海水白云天各一方

陨云
朋友来交换故事吗

而多年后 再到纪念馆 听着同样的旋律
才忽觉这是多年以来自己第一次想起那位故友
什么都有期限吗
凤梨罐头有期限 护照VISA有期限 全脂牛奶有期限
就连封在磁带里的音乐也会随时间消逝

到桥头
总在怀疑此刻
是否只是
如同这座城般的梦幻

但当钟声响起
留下空灵和平静时
故事已经开始

十指紧扣
以一生做承诺
便知此刻
如同这座城般的真实

断裂的混凝土顶
锈蚀的钢筋
是墙上斑驳的倒影

小道蜿蜒
却是钢筋与混凝土的写意

我记得
他和她晒了一下午的太阳
她和她聊了几个小时的八卦
他在海里泡了一整天
而你
尝试了四次高台跳水

在吗 你在哪 在做什么
想问你这些烦人的问题
因为我想知道
所有一切的一切只关于你

但是我不敢问
因为怕你觉得我的问题
真的无聊且没有意义

记得那一天
离开之前老板递给我一支烟
他对我说

把不想忘记的事情写在香烟上吧
然后吸进肺里，将它们放在离心脏最近的地方

8.5.3 “可视化与物质化”建造营——从诗歌到场所的转换

2017 年 6 月，同济大学举办了一次以“可视化与物质化”建造营为主题的国际性建造节，其中一个主题是从诗歌到场所的转换，该主题需要找到能用 VR 做项目的公司，所以我们光辉城市受邀参加本次建造节。于是有了我带队的第八组——光辉城市组的教学实践故事，我们的故事是以辛弃疾的一首词《青玉案·元夕》的意境作为创作的概念。在 10 天的教学过程中，团队成员不断地从体验模型空间并优化，最终独立完成整个设计及成果的表达，并用 Mars+VR 帮助整个大组完成了一半的汇报成果工作。右侧为 Venus 全景图，以下是活动中的工作照及成果的简要展示。

“可视化与物质化”建造营工作照

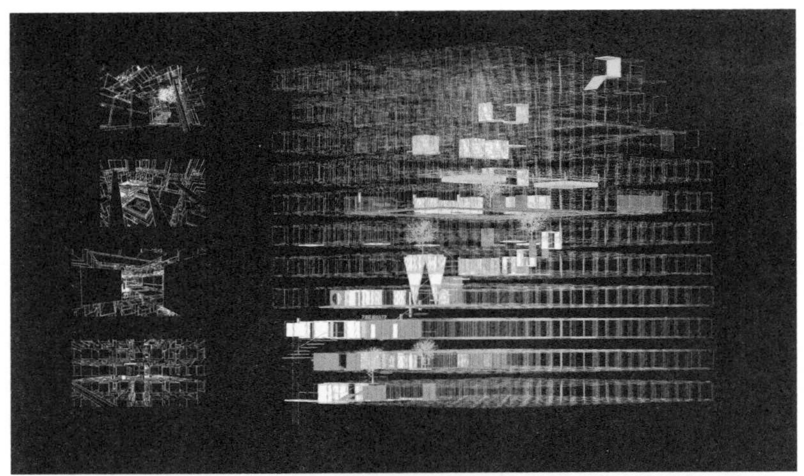

设计概念分析图

《青玉案·元夕》
项目成果展示
（一）

青玉案·元夕——辛弃疾

东风夜放花千树，更吹落，星如雨，

宝马雕车香满路，凤箫声动，玉壶光转，一夜鱼龙舞。

蛾儿雪柳黄金缕，笑语盈盈暗香去，

众里寻他千百度，蓦然回首，那人却在，灯火阑珊处。

《青玉案·元夕》
项目成果展示
（二）

方阵浓缩为一座小城，城中有一条街市。在方阵的空间结构中，以体对角线为街市主要空间位置，通过拆解与组合方块中不同方向、不同数量的面，向体对角线递增，创造出开放性、递进而多变、视线与路径错综的空间。一如小中，从住宅区的静谧到闹市区的繁华。佐以配景细节和灯光以烘托场景气氛，元宵之夜的绚丽多彩便呈现在身边。而词人心境澄澈，在欢闹的节日氛围中找寻着与自己心境相同的“那人”“那境”。我们也在闹市与住宅区之间点缀了几处净土。或许有着相似心境的体验者，在找到这样的一片空间环境后，便会对词的意境心领神会。

内部空间场所细节展示（一）

内部空间场所细节展示（二）

8.5.4 北京建造节——虚拟建造

2017 年 6 月，以“中国科协”作为指导单位，由中国建筑学会、北京交通大学联合主办，具体赛事由北京交通大学建筑与艺术学院承办的“第二届北京建造节”，其中一个亮点是组织了“虚拟建造”，试图通过“虚拟建造”展示新技术给建筑设计行业带来的冲击和挑战。“虚拟建造”不是对实体模型的虚拟化，也不是对传统实体建造过程的简单数字模拟。

虚拟建造题目：以学生最熟悉的学院楼为设计构思场所，在学生宿舍和食堂之间拟定一个场景，在六层的地方设置一座桥梁，功能不限。

设计方案展示了三维交互条件下的创作状态，也借此机会让学生们利用 Mars 自主把握细节设计，主观地去优化设计。虚拟建造能让人身临其境地在虚拟空间中感受到建构的独特魅力。虚拟建造组的各位学生“脑洞”大开超乎想象，有了以下的 3 个天马行空的虚拟建造：向经典致敬的“超级玛丽管道工”、向未来示意的“星际迷航”以及灾后重建项目“洪水后的重生”。

1. 超级玛丽管道工

方案从超级玛丽管道工中获取灵感，参考当时流行的游戏“我们的世界”，用“像素码”作为基础元素，采用像素化的表达方式创建了一套童真的虚拟场景。用各种管道和体块作为基本模块构建学院大楼连接外部空间的交通通道。将“建艺楼”电梯等候区打破，利用高低错落的体块形成了进入其他楼层及屋顶的通道，而像素化的语言又增强了身临其境的感受，让所处该空间的人仿佛进入了科幻的游戏世界。该方案还提供了体验者自行设计改变交通及场所空间的机会，利用 VR 技术，使体验者能在该方案中进行体块的移动组合，赋予体块材质等操作。

《超级玛丽管道工》项目成果展示（一）

《超级玛丽管道工》项目成果展示（二）

《超级玛丽管道工》项目成果展示（三）

《超级玛丽管道工》项目成果展示（四）

2. 星际迷航

方案展现的是未来太空船营救遇到灾难地球人的场景，2020 年我们已经进入了大陆碰撞的新阶段，设想在教学楼中间裂了一个大口子，在“口子”里上演了一系列灾难。地壳的剧烈运动和相互挤压变形，使得大地多处形成巨大裂谷，熔岩涌出。人类设在太空的空间站派出了多艘营救飞船，而建筑与艺术学院是北京交通大学的登船点。裂谷喷发已经千钧一发，翻滚的岩浆随时可能吞没登船点。

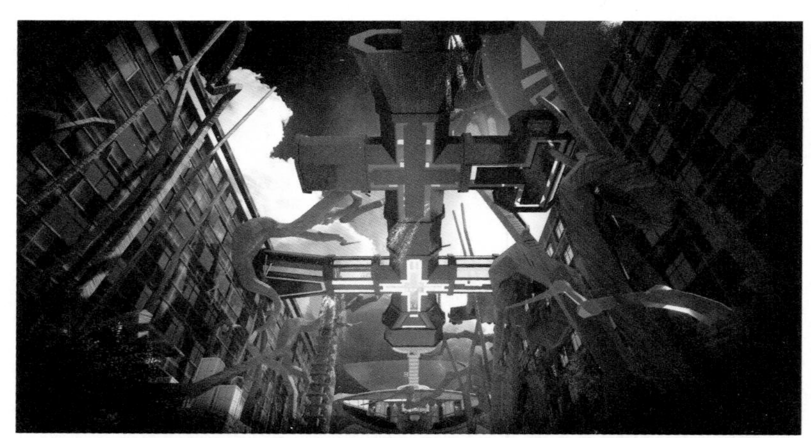

《星际迷航》项目成果展示（一）

《星际迷航》项目成果展示（二）

《星际迷航》项目成果展示（三）

3. 洪水后的重生

公元 3001 年，发生了历史罕见的特大洪水，许多城市被洪水无情地吞没。洪水退去后，北京交通大学建筑与艺术学院教学楼与宿舍楼的一到三层依然处在被水“吞没”的状态，形成水上 3 层水下 3 层的竖向空间分布。为了维持原有的学习生活，学生在水面上架起浮桥，将被洪水割裂的建筑重新连接起来。小桥流水，草长莺飞，重生后的“建艺街道”会呈现出怎样一派生意盎然呢？

《洪水后的重生》项目成果展示（一）

《洪水后的重生》项目成果展示（二）

8.5.5 建筑 VR——看不见的城市

2017 年 12 月 15 日，深圳市人民政府主办的“2017 深港城市 / 建筑双年展”正式开幕，“深圳双年展”是一场社会型展览。“建筑 VR：看不见的城市”是光辉城市 Mars 团队和建筑自媒体人软妹作为策展方的展览作品。我们策展的内容是一个天马行空的设想，针对很多人每天一半以上的时间都生活在虚拟网络世界里——在微信中保持联系，在“淘宝”中“剁手”消费，在“百度”中探索世界，在“知乎”中寻找解答，在“云音乐”中沉浸徜徉，在网络中聚集吐槽——的社会现象，提出“如果我们身临其境地在三维空间里体验虚拟网络世界，会是怎样的情形？”

为了让一些“看不见的城市”被看见，光辉城市作为技术支持方，响应了时下流行的网络世界作为主题：陌陌、知乎、云音乐、淘宝、哔哩哔哩等，建筑师们通过自己熟悉的模型软件做初步构建后，用 Mars 快速地将模型转化为 VR 场景并输出 VR 漫游、全景视频、全景图等，为“双年展”做成果输出。

1. 陌陌

这些 VR 场景充满沉浸感，又仿佛穿越时空而来，展示了未来人们在虚拟三维空间中交互体验的可能性。在“双年展”现场，这些场景通过 VR 设备进行展示，让观众能够亲身走入虚拟城市之中，沉浸式体验它们。

Mars 制作的“陌陌”项目（一）

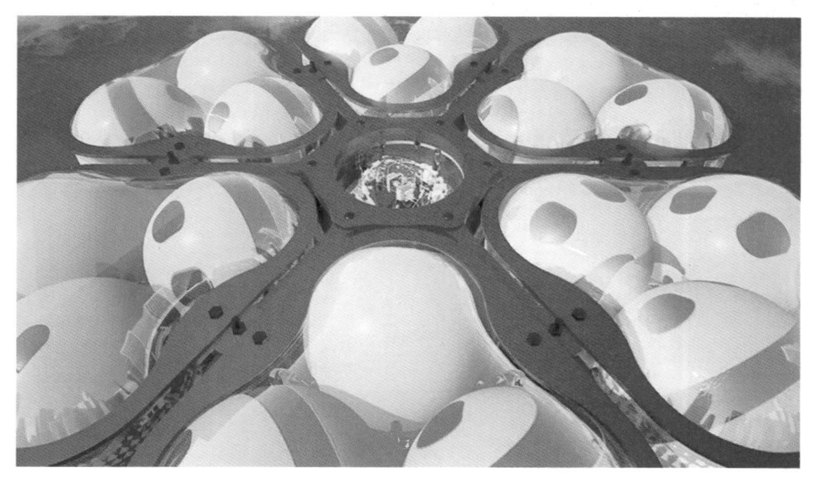

Mars 制作的“陌陌”项目（二）

2. 云音乐

Mars 作为一款通过 VR 技术提升设计师创作和表达方式的软件，不仅专注、专业于实际建筑项目上的使用，也对未来的虚拟建造方向提供了坚实的技术支撑和无限的想象空间。正如光辉城市的使命——“让设计回归创意，把其他交给科技”，希望科技为设计带来更广阔的空间，让建筑师和设计师们的才能发挥在更多的领域。

Mars 制作的“云音乐”项目

3. 知乎

这是一个充满知识节点的空间，各种学科、各种类型的知识凌乱而又有组织地散布在虚拟空间中，它似乎离我们距离遥远，却又触手可及。或者网络知识的传播就是通过这样一种联结关系，为我们源源不断地提供认知的途径。

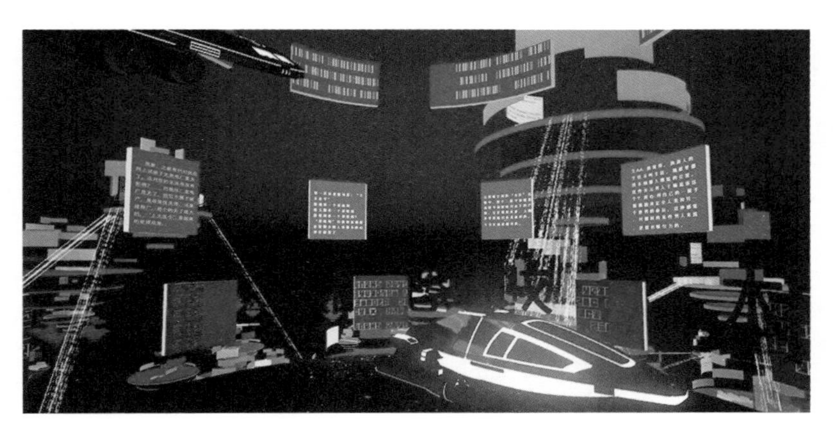

Mars 制作的“知乎”项目（一）

Mars 制作的“知乎”项目（二）

8.5.6 清华 AA 北京访校创意工作营

2017 年 12 月 16～23 日，一直过分充实的创业生活有了些许变化，我有幸受到清华 AA 北京访校创意工作营的邀请，回到学校，与来自全球的建筑设计专业的 3 组学生度过了一段学习时间。这是清华 AA 北京访校创意工作营的第八个年头了，也是一个由清华大学建筑设计研究院（THAD）和英国建筑联盟学院（AA）合作开展的国际访校教育项目。

在这一周时间里，我用 Mars 作为教学工具，和学生们一起进行了“VR+建筑教育”的新实践。此次项目以“Invent（ory）@fact（ory）”为主题，针对北京 798 旁的废弃工厂进行改造，探讨在新兴知识与实际应用结合的意义。在课程进行的过程中，看到了在 VR 技术的辅助下，学生们在方案创作和项目输出成果等阶段展现的新视角、新思路，也相信在 THAD 和 AA 两大世界优秀建筑学院的支持下，VR 等前沿技术在建筑教育领域的应用会成为必然趋势。

在清华大学 AA 北京访校创意工作营授课

1.VR 技术让学生们“走进”自己的方案

在方案创作阶段，传统的教育方式大多是以老师的经验作为判断依据，给学生方案进行辅导，形式单一，并且沟通也总有偏差。我猜很多学生都有过“自己觉得方案没问题，老师让改还有点儿不甘心”的情况发生。

这时候如何让学生们更直观地看到并且理解自己方案存在的问题？

通过 VR 技术，可以让学生们“走进”自己的方案中，观察和体验设计的不足之处，主动找到方案改进的方向。这次我让光辉城市北京公司的“小伙伴”把 VR 体验设备搬到了清华大学的教室，借助 Mars“一键”将三维模型转 VR 漫游的功能，一边让学生们沉浸式体验自己的方案，一边和大家讨论方案的不合理之处，反复推敲。基本上方案中存在的大部分问题，在漫游过程中都能明显判断出来，这可比老师苦口婆心、反复唠叨效率高多了。

和学生们讨论设计方案

2. 为学生提供新视角和思考空间

VR 技术在教学中期的应用，打破了以往老师教授单一的模式，为学生推敲方案提供了新的视角，也为学生提供了主动思考的机会。课程前期跟学生们讲解了 Mars 的基础操作和应用场景之后，大家就很快上手开始用了。最终学生们使用 Mars 制作了三个项目，输出了一系列“脑洞够大”“趣味性十足”的成果。

（1）SkyDrive

在街区中做了一组机动车辆和自行车辆分流的路线，各自以一条连贯、流畅的“动线”将整个街区串起来，并分别都架空分布在街区空中。两条线路独自成立同时又有局部的立体交汇，丰富了整体的空间流线。

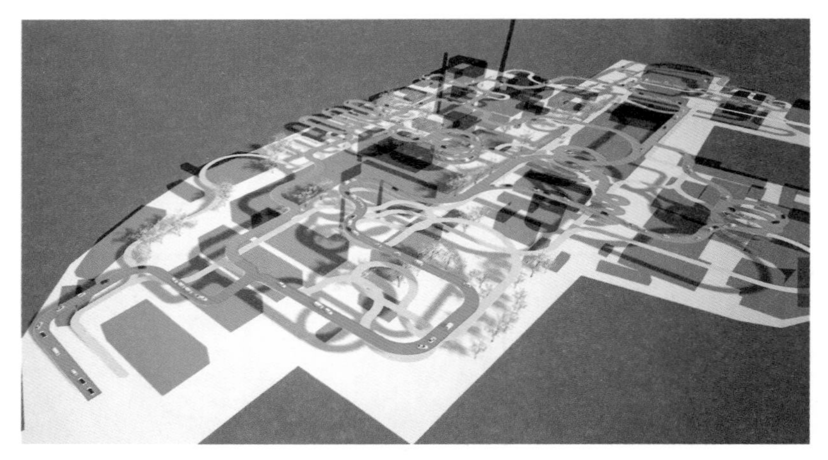

“SkyDrive”设计成果展示（一）

“SkyDrive”设计成果展示（二）

（2） “A floating immersive theater：Alice in the wonderland”

“A floating immersive theater：Alice in the wonderland” 设计成果展示（一）

“A floating immersive theater：Alice in the wonderland” 设计成果展示（二）

扎哈·哈迪德建筑事务所北京负责人参与 VR 评图

在最后的评图环节中，多维的项目成果输出方式让学生们在现场的展示显得更加丰富，也让大家对于设计方案的理解和体验，有了更加全面和深入的判断依据，毕竟“走进”方案中的亲身体验远比看效果图或者视频来得立体透彻的多。

来自扎哈·哈迪德建筑事务所北京负责人 Satoshi Ohashi 先生也在现场参与了评图，主动表示要戴上 VR 设备体验学生用 Mars 制作的漫游场景，来回走动体验的同时一直感叹“Cool！”

扎哈·哈迪德建筑事务所北京负责人体验 VR 漫游

对于“VR+ 建筑教育”领域的探索和尝试我一直都非常积极，一是创业路上看到了前沿科技为建筑教育的发展提供了越来越多的可能性，二是“老师的情怀”总归对我影响太深刻。所以，有机会向年轻的建筑学子提供建筑专业学习所需的理念和技术，会是我一直坚持做下去的事情。

8.5.7 Mars 第一期寒假集训营——非建筑学专业学生培训

2018 年 2 月 4 日，Mars 第一期寒假集训营圆满结束。为了让感兴趣的学生们有机会体验不同的设计方式，接触 VR 新科技，我们在成都进行了为期 7 天的免费 Mars 培训。每次和学生一起做设计都能够收获些不期而遇的灵感，很开心看到大家都乐在其中。我们用了 3 天时间为学生们培训了 Mars 的使用方法和技巧，再用 3 天进行集中设计和表达，最后进行成果展示和感悟的分享。

三天快速设计 + 表达成果

令我感到十分难得的是，这些学生均为非建筑专业出身，却在短短 3 天内就将设计和表达成果做到这种程度。明星梦；初恋；童话，学生们的构想充满了浪漫，连我都被感动了，下面是部分设计成果作品展示。

“情侣体验”设计作品

“解忧书屋”设计作品（一）

“解忧书屋”设计作品（二）

"Life is like a Dream"设计作品（一）

"Life is like a Dream"设计作品（二）

"我是演员"设计作品

1. 寒假营结束，学生们对“Mars+VR”的感悟

集体训练结束后，收到了很多学生对 Mars 的感悟和反馈。

黄浩：对于我来说，Mars 做景观就是“神器”，因为景观干得最多的事就是种树种草，Mars 可以直接使用现有的模型。能够很快地看出自己设计的效果，如果不满意也能够快速修。

蒲子龙：之前我用 3ds Max 和 SketchUp 建模和 Photoshop 处理后期才能出一张效果图，而 Mars 这个软件直接就可以完成，在调节灯光、太阳光的时候 Mars 可以直接调节看效果。Mars 调材质也很方便，最好地方是“一键”截屏就能出效果图和全景效果图和通道图 3 张图片，而且分辨率很高。

王凯：第一，节约时间，学习起来很快，短短两天，我们就都已经入门；第二，无论是“平面”的还是“全景”，渲染时间短；第三、节约成本（相对设计院和设计公司等使用者而言）；第四，通过 VR 建模和展示，使用者能够深入模型空间中去设计观赏，最直观地把控光影的变化，设计的体量、结构等；第五，享受设计过程（体力和脑力）；第六，能输出多种效果，例如平面效果、“720”效果图、漫游动画、全景漫游动画等，与时俱进，走在科技的前沿；第七，Mars 是一个新兴的设计软件，一个全新的设计平台。

王世宽：通过这些天学习，我认为 Mars 就是一个大的科技黑箱。它最大的特点是 VR 体验，它能够让用户直接走入模拟的空间，可以清楚直观地看到每一处设计、每一个家具、每一处细节，而不是像过去那样烦琐复杂，让人们光凭一张嘴和想象就去构建一个空间，而且也加入了很多其他功能，使其更加强大。

魏晓云： 在接触了 Mars 这个软件之后，感觉它比其他软件更加简单上手。能够在短时间内以一定效果表现出我想要的东西。并且省去了后期修饰的时间。Mars 的操作方式跟游戏很像，简单易上手。在印象中做一个全景图很困难，但用这款软件时制作却很简单，使用生成的二维码随时都可以观看，与别人分享设计成果特别便捷。

2. 说在最后

寒假集训营的时间很短，真正留给学生们做设计完成表现的时间非常少，而且他们都不是建筑学专业，这种情况下做出的成果已经非常值得鼓励。尽管从我的角度来看，从最初的设计理念和预期来说，大家的设计和表达还有非常大的进步空间。如果达到预期，成果一定会更加打动人心。

但是我很高兴看到学生们使用 Mars 和体验 VR 的时候都乐在其中，有所收获，并且肯定了“Mars+VR”对于方案设计的作用。这次对于非建筑学专业学生的培训，让我深切地体会到学习中最重要的要素，即“兴趣、潜能和创造力”是可以通过恰当的手段激发的。在这个过程中，VR 体验激发了学生们的兴趣，学生们在体验中认知了空间，触发了空间想象的潜能，并通过 Mars 将头脑中的想象转化成为现实设计方案。这是一个刺激主观能动性的联动过程，也是学习方法和手段的创新。学生们能通过这么短的时间取得相对完整的成果，这也更加坚定了我将 VR 应用于建筑学科的信心，同时也说明了开设“VR 虚拟建筑学”新专业的必要性。

8.5.8 雅和人居工程学院 Mars 训练营

2018 年 4 月 5 日到 9 日，光辉城市联合海口经济学院雅和人居工程学院（简称雅和人居工程学院）举办了 Mars 训练营，为了让感兴趣的师生有机会接触新的科技，体验新的设计方式。本次 Mars 训练营邀请师生共同参与设计，由土木工程、工程管理、城乡规划专业的24名学生和8名教师，组成了8个设计“战队”，形成“师生战队PK”的阵营。

学员组成：8组，每组4人

- 教师2组，每组4人（8名教师参与，城乡规划专业4人、土木工程专业4人）
- 学生6组，2014级13人（城乡规划专业），2015级11人（城乡规划专业6人，土木工程专业3人，工程造价专业2人）

1. 题目来源

探索与发现几乎是人类的本能，是不可抑制的冲动，我们无时无刻不在拓展认知的边界；人类对脚下这片土地的探索在大航海时代到达高潮；然后我们乘着飞船上了月球，第一次回望我们这颗可爱的蔚蓝色星球；然后旅行者号带着我们的眼睛去了太阳系之外，替我们看见了浩瀚的星海。

有人开发了一个平行世界，用VR设备，可以真正进入这个世界。现在开发者向我们提供了一次自己构建虚拟世界的机会，在这个虚拟世界中，可以尽情地表达自己、做自己想做的事。这次的课题我们称之为“平行世界”，简单来说，在VR世界中，我们营造了一个被命名为“Tom@to星球”的母星，在母星周围有很多大小不一的圆环状子星，而这次师生们就要以其中一个子星为基地，来进行分组建设。

设计题目：平行世界的码头

- 这是我们远离主城的学校，封闭管理，寝室与教室，两点一线，一切似乎平静有序。
- 2021年，光辉城市会开发完成一个平行世界，用VR设备，可以真正进入这个虚拟的世界，就像电影《头号玩家》里面的“绿洲”。

- 在这个虚拟世界里，玩家时间的消耗或者说玩家的关注，将是虚拟世界运营者努力争夺的核心资源。
- 这是雅和人居工程学院登录平行世界的入口，这些入口被称作“码头”。
- “码头”是平行世界的流量入口，通过“码头”连接着更多的虚拟世界，这些虚拟世界的运营者需要来自学院的学生流量。
- 2018 年 4 月 5 日，“码头”项目正式启动，8 个战队，32 名队员，用 5 天的时间，集体完成“码头 1.0”的建设。
- “码头”的虚拟形象，也是学院的虚拟名片，学院方希望能有雅和人居工程学院办学理念的体现。
- 等候、交流、选择去处，是“码头”的主要功能，约会（模拟生活）、学习、历史、战争、上天入地下海、换一个角色认识世界、你的虚拟世界，有无限的可能。
- “码头”分为 8 个方位，每个方位都可以引导学院学生到达更多虚拟空间，引导的功能可以一致也可以不同。

2. 任务日程安排（表 8-5-2）

表 8-5-2 任务日程安排

时间安排	任务内容
4 月 4 日晚上	教练团队介绍；分组宣布；成员介绍，队长推选；课题介绍；任务布置
4 月 5 日上午	（1）构思分享确定设计方向，10 分钟 / 组，90 分钟，根据设计方向，确定场地相对位置 （2）根据设计方向确定队名，确定相对位置 （3）宣布抵达点创作任务及评比 （4）SketchUp 草案创作 + 抵达点设计
4 月 5 日下午	Mars 汇报功能演示，基础操作 抵达点设计，SketchUp 模型，导入 Mars 汇报

（续）

时间安排	任务内容
4月5日晚上	抵达点汇报评比
4月6日上午	VR设备使用的介绍，分两组介绍；公共部分模型推进配合确定（中标组组织）；方案内部讨论，在VR中体验并修改
4月6日下午	方案内部讨论，在VR中体验并修改，确定体量关系，18点前合并体量模型作为整体参考；Mars输出高级技巧分享（动画、二维码）
4月6日晚上	方案重要节点设计、深化（可以利用传送门与主空间相连）
4月7日上午	方案深化 重要节点单独进入Mars中进行成果制作
4月7日下午	方案深化
4月7日晚上	Mars制作技巧分享 方案导入Mars进行交流分享
4月8日全天	整体效果和局部空间深化
4月8日晚上	“3D”立体投影、全景视频、全景故事二维码体验
4月9日全天	方案深化，汇报准备
4月9日晚上	19:30：方案成果汇报 PPT讲解，Mars汇报，10分钟/组 成果合并，VR体验 教师讲座

3. 越容易上手的工具越能直观地反映设计中的问题

“抵达点”是大家在开始各自地块的设计前，对于公共地块交通空间设计权的一次争夺，各个小组方案创作的差异化也从这里开始。通过团队间的协商，分别发展出了“极盗者”“时光机”“吃鸡（游戏）”“魔术师”“心灵镜像”“星旅”“loop-x”“桃花源”等八个主题。

这次训练营使用的软件SketchUp与Mars都极容易上手，越是有效的工具，其前端应该尽可能简单，产品经理及工程师们已经将复杂的事情解决在后端。所以我们并没有花太多的时间对师生们进行Mars操作培训，意外的是，他们不但在一天之内快速掌握了Mars的基本操作。在习得SketchUp与Mars的基本功能后，他们的热情，以及对创作的表达欲望是显而易见的。

4. 设计虚拟的建筑空间

当有了足够多的设计素材，我们便引入了一整套 VR 体验工具，师生们可以利用 Mars 这个桥梁，将 SketchUp 里面做好的设计导入我们预先设计好的“Tom@to 子星”里，然后根据 VR 世界里的反馈来深化设计。当每一个团队初次进入自己方案的时候，即使他们带着 VR 眼镜，我也能感受到每一个人单纯的快乐。VR 的介入让我们不必像传统建筑设计那样等待漫长的建设周期便可以提前到达体验高潮，空间是虚拟的，但感受是真实的。因此师生们高效地完成了方案设计及表达成果的输出，以下为部分设计成果的展示。

（1）“极盗者” 设计意在让体验者感受到极限运动的失重感，由于塔的结构可满足多项极限运动，例如攀岩或跑酷等，结合原有地形，塔设计在海上，塔顶做一个圆环，远处看去类似圆月。铁塔是项目的中心节点，以模拟的山体滑道连接着项目的入口，在项目入口处考虑到周边地块的关系，设计相应的协调几何体，提供体验者“多次元”的想象空间。

《极盗者》项目展示

（2）“时光机”　地块上空高悬的巨大沙漏，与下方的钟表表盘相互呼应，两件与时间相关的物品，既是标志性建筑，又象征人生。当沙漏颠倒，指针转动，人的一生便随着“滴答滴答”的节奏开始了。主体建筑模拟了五条“时空隧道”来代表“儿童、少年、青年、中年、老年”五个人生阶段，隧道的长短代表了人生阅历的丰富程度，每一条隧道，都用不同的物品深化主题。依次进入“时光隧道”，就能体验一次出生到暮年的经历，亲身体验时光的流逝，希望体验过的人能够感受到光阴似箭，能够明白珍惜眼前，珍惜身边的人和事。

“时光机”项目展示（一）

“时光机”项目展示（二）

（3）“历史建筑” 采用方块元素，根据地形，进行堆积。在此基础上进行一些变形，使它构成一个完整的建筑。在每个方块中，放置一些具有代表性的建筑物来代表某个时期的建筑风格。

“历史建筑”项目展示

（4）“Loop-X” 这个虚拟环形世界的“开始”，也是“结束”。世界里有太多的讯息扑面而来，让我们措手不及。“Loop-X”给我们提供一个拨开迷雾看到自己内心的地方。通过镜子长廊，踩着星辰，在这个虚幻又真实的地方，没有重力，一切都是想象的样子。

“Loop-X” 项目展示

（5）“桃花源” 表现一种理想的生活状态，设计用抽象的手法营造出陶渊明《桃花源记》的意境。主要通过方形体量的组合与分布，结合具体的自然素材来实现。游览其中，享受世外桃源美景的同时，逐渐体会出理想生活状态的真谛——即当下所处的简单生活。

“桃花源” 项目展示

（6）“心灵镜像” 从心之景镜以世界沐浴心灵之伤愁。这个设计以“治愈心灵”为出发点，主要以舒适放松的环境引导体验者放松心情，给予帮助、消除忧愁等。利用了光阴变化、登高远眺、游园闲适、出海远行、地心之旅等辅以完善设计。

“心灵境像”项目展示

（7）“小小世界” 设计了四个真实的场景，让体验者置身于异国情调。每一个小城堡都色彩活泼，每一个小城堡都带有不同的元素，每一个小城堡都将带你进入一个不同的地区。通过传送门，“可以去到地球另一端”。

“小小世界”项目展示

（8）“吃鸡”　众所周知，“空投箱”是“吃鸡”游戏里面必不可缺的游戏元素，而“集装箱”是游戏里最有特色的环境，将它们合二为一，创造出来的是玩家心中最为独特的场景。

“吃鸡”项目展示

5. 训练营总结

（1）团队的分工与合作　这次的活动从常镪院长和我的一次头脑风暴开始，经过双方老师们的通力合作到最终落地，当然这也离不开双方团队的分工与合作。从创意—SketchUp 制作—Mars 表现—VR 体验—成果展示，需要推进的工作已经比团队的人数还要多了。我本以为小组内部会有些分工上的矛盾产生，但事实是学生们经过两天的磨合就自然地根据自己的能力选择了最适合自己的工作。同时，每一个小组的地块在整个圆环内并不是孤立的存在，各个小组之间也保持着积极有效的沟通，这让我不得不佩服八个小组以及他们作为雅和人居工程学院团队成员的合作精神。

（2）教师分享体会

杜鹏老师：做技术流跟后勤保障我是认真的。

说实在的我有点不舍，没想到时间过得这么快。老师跟学生一起做设计、一起“PK”，这个过程真的让我获益良多。我发现模型导入 Mars 之后，才真正觉得是在做设计。

文龙木老师：你们负责“美”，我负责安静地做 Mars。

如果未来像 Mars 这样的软件技术更成熟的时候，我们的设计师会不会被取代？例如像结构设计这方面。

宋晓宇的解答：

这种感觉就有点像当年汽车时代跟马车时代交替的过程。其实单纯的、重复性的画图工作，例如像电报的编码和解码的工作，以及在二维与三维之间相互转化的工作过程应该会逐渐的消亡，而创作本身也会基于一些重复的审美之下进行设计。创作这个东西被替代的可能性不是没有，只是会有一定难度。例如在综合管网方面的设计是有可能被替代的，但是有些涉及创意的部分暂时不一定会被科技取代。

常镪院长的解答：

结构设计不仅仅局限于结构的计算部分，也是需要一定的创造力。

我认为设计不应该花费更多的时间在重复性的劳动和做表现上。

同时，做设计时需要解读人的感知，才能让设计师感受设计中更归于纯粹的东西，经历过在虚拟世界中感受后的现实设计，一定会有惊世骇俗的效果。

文闻老师：

Mars将存在于我们想象中的空间给实现了，相信Mars经过不断的迭代，一定会是一款越来越好用的设计工具。我觉得一直没有找到一个合适的方式可以带学生一起做一个集中且短期的沉浸式设计项目，体验做设计的乐趣。而这次“工作坊”的这种方式，为我们想做的教学方式改革又提供了一个全新的方向。

王芳老师：

其实 Mars 也可以为土木工程专业房屋建筑学的教学改革提供一些很好的思路。关于“构造”部分的教学内容，“交互”可以帮助学生理解构造原理。关于“空间”部分的教学内容，学生通过自主设计空间的方式，在 VR 中直接感受自己的设计，更能够发现设计本身存在的问题。

附录A　杰伦·拉尼尔关于VR的52个定义

第1个VR定义：21世纪的一种艺术形式，将电影、爵士乐和编程这三种20世纪伟大的艺术结合在一起。

第2个VR定义：一个假冒的新前沿，可以唤起探索时代或蛮荒西部的宏伟回忆。

第3个VR定义：能够搭载梦想的媒介的希望。

第4个VR定义：用模拟环境界面替代人与物理环境之间的界面。

第5个VR定义：人类感官和运动器官的镜像，你也可以把它想象成人体的反像。

第6个VR定义：一组越来越多的共同运作的小工具，与人类感官或运动器官相匹配。目镜、手套、可以滚动的地板，这一切可以让你感觉在虚拟世界中走了很远，而实际上你是原地不动的。这个清单无穷无尽。

第7个VR定义：相比之下，较粗糙的模拟现实促进了我们对物理现实深度的认识。随着VR在未来的进步，人类感知也会相应进步，并让我们学会更加深入地挖掘物理现实。

第8个VR定义：一种能使大脑填充空白并掩盖模拟器错误的技术，从而使模拟现实看起来比原来的更好。

第9个VR定义：一项研究，有关连接人与世界间感觉运动的循环，以及该研究通过工程进行调整的方式。这项研究永无止境，因为人在研究中会不断变化。

第 10 个 VR 定义：从认知的角度来看，现实是大脑对下一刻的期待。在 VR 中，大脑在一段时间里被说服期待虚拟的东西，而不是期待真实的东西。

第 11 个 VR 定义：VR 是最中心的学科。

第 12 个 VR 定义：VR 是关注体验本身的技术。

第 13 个 VR 定义：最邪恶、最完美的斯金纳盒子的理想工具。

第 14 个 VR 定义：应用在数字设备上的魔术。

第 15 个 VR 定义：一种仪器，它能让你的世界变成一个轻松学习的地方。

第 16 个 VR 定义：在另一个地方、另一个身体或另一个世界逻辑中创造幻想的娱乐产品。

第 17 个 VR 定义：与飞行或外科手术模拟器等专用模拟器相对的通用模拟器。

第 18 个 VR 定义：探索神经系统适应性和预适应性的深度时间机器。

第 19 个 VR 定义：探测运动皮层智能的机器。

第 20 个 VR 定义：和清醒梦境一样，除了：①不止一个人可以在相同的体验中担任角色；②质量不是很好；③如果你想掌握控制权（你也应该想要掌握控制权），那么，你必须对 VR 进行编程。同时，如果你不苛求对它们的控制，梦通常是最好的。即使斯蒂芬·拉伯奇也不希望在大部分梦境中保持清醒，因为在无拘无束的梦中，大脑才会有惊喜和新鲜感。

第 21 个 VR 定义：与纳米技术这一老式的宏大定义相比，VR 可以让你体验狂野的东西，它不会与别人被迫同你分享的那个物理世界混在一起。VR 更加道德。而且，它也不是那么怪异。我们可以看到 VR 将如何运作，没有奇怪的猜测或显然违反基本物理定律的东西。

第 22 个 VR 定义：当技术有一天变得更好的时候，VR 可以被用来预览现实可能是什么样的。

第 23 个 VR 定义：VR 有时可以与致幻剂相提并论，但 VR 使用者可以客观地共享世界，即便共享的是幻想，但致幻剂用户不能。VR 世界需要设计和工程工作。而且当你愿意努力创造并分享自我体验时，效果是最好的。这就像骑自行车，而不是坐过山车。虽然有些 VR 体验让人激动万分，但你总是能够从中脱身。你不会失去控制。与现实或梦想或迷幻之旅比起来，VR 往往“质量更低”，它将取决于你为注意到那些不同之处而对感官的磨炼。现在，致幻剂已经存在了，而在短时间内 VR 不会太好用。VR 可能对你的子女或孙辈更有意义。

第 24 个 VR 定义：一种控制论结构，用来测量人类感知的探测方面，并使其被抵消。

第 25 个 VR 定义：一种测量比显示更重要的媒介技术。

第 26 个 VR 定义：一种优先刺激认知动态的媒介技术，以此模拟替代环境，进而让人准确认知世界。

第 27 个 VR 定义：强调交互式生物运动的媒介。

第 28 个 VR 定义：与时间抗争最激烈的数字媒介。

第 29 个 VR 定义：一场文化运动，其中，黑客利用小装置改变了演示中的因果和感知规则。

第 30 个 VR 定义：它是这样一种技术，其内部数据和算法就像实时的人类视角经验的转换一样容易理解，因而能激发人们对幕后的好奇心。

第 31 个 VR 定义：你享受其中有趣的体验，但在旁观者看来，你呆里呆气、笨手笨脚。

第 32 个 VR 定义：这种技术常被错误地表现为能制造浮在空中的所谓的全息图，而这是根本不可能的。

第 33 个 VR 定义：一种终极媒介技术，这意味着它永远不会变得成熟。

第34个VR定义：有朝一日可能用诚实的信号激活远距离通信的工具。

第35个VR定义：VR可以将训练模拟器用于任何领域，而不仅是飞行领域。

第36个VR定义：在正式改变现实世界之前进行尝试。

第37个VR定义：一种尽可能清楚地显示数据的仪器。

第38个VR定义：在广告里吸引人们的一种终极途径，让我们希望VR尽可能避免这一点吧。

第39个VR定义："记忆宫殿"的数字实现方法。

第40个VR定义：认知增强的通用工具。

第41个VR定义：信息时代战争的训练模拟器。

第42个VR定义：数字木偶戏。

第43个VR定义：一种必需摆脱游戏、电影、传统软件、新经济权力结构甚至先驱想法束缚的新的艺术形式。

第44个VR定义：如果你偏袒"VPL"的这些怪人，在20世纪80年代，你可能会用到这个词。

第45个VR定义：以人为本、基于体验数字技术有望推动数字经济，使作为价值来源的真实个人不被忽视。

第46个VR定义：VR=-AI（VR是AI的对立面）

第47个VR定义：一种全面幻觉的科学。

第48个VR定义：一个共享的、清醒的、有意识的、交流的、协作的梦想。

第49个VR定义：将早期童年的"私人魔法"延伸到成年的一种技术。

第50个VR定义：一点生活经验，没有任何界定人格的限制。

第51个VR定义：一种可以让你换位思考的媒介，它有望成为增强同理心的途径。

第52个VR定义：一种不用代码的计算机使用方式。

附录B　Mars 简介

“Mars”是光辉城市公司研发的一款软件的名称。Mars 作为一款多维可交互的汇报工具，可以帮助建筑师进行创作、表达、汇报、交付、评价等建筑全生命周期的工作，借助 VR 技术创造质量更好、能效更高的建筑。

Mars 是我国建筑业中的建筑 VR 技术成果，是实现建筑产业化与装配化建筑虚拟建造的先进技术软件。

外文名：Mars　　作用：实现虚拟建造的建筑设计软件

公司：光辉城市　　功能：帮助建筑设计师汇报与创作表达

分类：VR 建筑设计　　软件特点：使用简便

一、Mars

Mars 作为一种建筑应用程序三维模型软件，支持 .fbx 格式导出，它可实现 SketchUp、Revit、3dsMax、Rhino、Maya、ArchiCAD 等模型软件对接 Mars“一键”生成 VR 模型，即可穿戴 VR 硬件设备沉浸式体验虚拟建筑空间。

二、核心特点

Mars 是一款多维可交互的汇报工具。如果把建筑设计看成是一个创造价值的过程，那么建筑方案汇报就是一个传递价值的过程。Mars 利用多种表现技术助力设计师高效传递价值。我们的时代正在因为科技进步而不断改变、不断迭代。此时，我们一定要把提高设计师与甲方或用户沟通的环节效率放在第一位。因为在未来，通过传递价值效率的提升，也会促进创造价值的品质不断提高，并为此提供更多的时间价值。

三、发展历程

2015年3月Smart+设计平台Bate 1.0版上线。

2016年8月光辉城市、英特尔、华硕在上海联合发布VR Designer设计师专用计算机。

2016年12月Smart+设计平台精准设计师用户超过10万名。

2017年3月Mars 2017版软件发布。

2018年3月光辉城市公司在深圳万科国际会议中心召开Mars 2018版软件发布会。

2018年5月Mars 2018版软件正式上线，可扫二维码了解正式版详细内容。

Mars从2017年发布至今，已成为国内建筑业很受欢迎的“3D/VR”技术软件，是全国超过400家设计院和20万名设计师的共同选择，为建筑师在项目汇报阶段提供了全面的技术升级服务，提高了设计师方案汇报的效率和信息传递的完整性。光辉城市与国内超过100所建筑高等院校达成校企合作协议，形成集“软件研发→企业服务→人才培养输送”的“产、学、研”逻辑闭环，Mars将开启国内VR建筑业的新篇章。

四、产品核心价值

1. Mars全方位优化建筑设计的效率、成本、流程

（1）在VR中创作：“身临其境”的体验，便于设计师快速决策，提升设计效率。

（2）在VR中汇报：与甲方同步进入设计场景，降低沟通过程中信息

衰减，减少汇报次数。

（3）节约建筑表现成本：相比于传统的效果图和三维动画制作，节约建筑表现成本。

（4）赋能设计院成为 VR 内容提供商：Mars 赋能设计院成为 VR 内容供应商，可以向甲方提供 VR 成果，获得更高的设计溢价。

2. PC/VR 双模编辑

PC/VR 双模编辑功能，可以在 PC 端或 VR 端对场景进行修改保存，另一端都将实时呈现，演绎一套数据库结构下的两种三维交互方式。

3. PC/VR 多人异地云同步

Mars 2018 版的新功能能实现“多人、多端、异地、同步”的三维信息即时传递，为设计院、开发公司等企业提供异地沟通、汇报、评审会议的软件平台，节约沟通成本。Mars 应用维度升级，将更加高效、准确地传达项目空间信息。

4. 企业专属云

Mars 2018 版为设计院等企业，在方案阶段提供协作配合工作模式的云平台，促进多团队、多专业更高效地协同完成建筑设计作品，建筑项目可上传至企业专属云空间，为企业提供更安全的共享与备份的空间。

五、产品特色功能

1. 能对接多种三维建模软件，实现 SketchUp 模型直读

Mars 支持 SketchUp、Revit、3dsMax、Rhino、Maya、ArchiCAD 等多种三维建模软件，导入后即可在 Mars 中进行快速编辑。在 Mars 2018 中，可直接选择多个 SketchUp 模型文件同时导入，完美匹配 SketchUp 轴位，实现多个模型快速对位，还进一步支持 SketchUp 模型的修改更新。

2. 资源库

Mars 拥有涵盖建筑、景观、室内等不同类型的材质及配景资源库。

植物档案：Mars 拥有上千种植物档案资源库，可以在 LIM（Landscape Information Modeling）景观信息模型中自由查询植物的科、属、常见地域、生态习性、景观用途、观赏特性等。

3. 材质和配景高级编辑

（1）材质编辑：Mars 拥有数千种不同类别的材质，所有材质均可对纹理尺寸、纹理方向、颜色等参数进行高级编辑；可视化参数调节，实时显示，且支持自定义材质贴图。

（2）配景编辑：可随意调节大小、方向、随机布置等，拥有大量动态资源，为体验者带来“身临其境”的真实感。

4. 光环境与空间草图模式

（1）光环境草图模式：以往光环境设计需要依赖丰富的设计经验，通过 Mars 则可以调节灯光颜色、强度、色温、光束角、半影角、配光曲线等，协助建筑师快速设计光环境草图，控制光环境效果，轻松应对复杂照明设计需求，“所见即所得”地实时渲染，无须等待。

（2）空间草图模式：建筑师已经习惯了通过手工模型推敲建筑的空间形态，Mars 从用户感受出发，让设计师不必脱离这个思维习惯。通过软件中提供的带有“手工”质感的模型树及一些手工材质等，建筑师可以快速建立空间草图模型，还能在任意局部增加光源，解决了制作传统手工模型时在细小空间上不便于“打灯”的困扰，配合摄影棚功能以实现手工模型的效果。

5. 资料列表

资源列表可对场景资源实现分组、隐藏、移动、删除、锁定等操作，快速高效分组管理，让繁杂的场景模型层次分明、一目了然。

6. 编辑功能

（1）曲线放置物品。此功能实现沿曲线路径放置物品操作，缩减了设计时间。且支持物品放置间距和物品随机变化等参数的修改。

（2）笔刷放置物品。植被铺陈等配景编辑可按笔刷的方式进行自由布置，实现大面积快速布置，便捷高效。

（3）编辑人行轨迹。选择不同类型的人物，通过对人物进行运动路径设置，模拟生活场景。

（4）人物服装与动作编辑。Mars 2018 中有上百种人物服装与动作可供设计师选择，且支持智能随机变化。根据模型中不同场合需要，选择更符合场景的服装与人物动作，更能达到真实的呈现效果。

（5）车辆颜色与车灯编辑：除了声音和视频插入，场景中放置的车辆还可进行颜色与车灯的编辑，配合场景“以假乱真”。

7. 资源效果

（1）植物效果和物品材质。配景表现效果大幅升级，配景资源跟随天气呈现积雨、积雪的效果，植物资源随春夏秋冬四季变化呈现不同季节的效果。

（2）多种天气效果。天气模板新增雨、雪、雷、雾四种天气效果，且雨雪天气可识别室内室外材质。总计多达 9 种天气效果，“一键”切换，方便快速，满足设计师个性化调整需求。

（3）添加多种声音效果。自由插入音效资源并模拟物理环境，例如海浪、河流等声音，并且可以随意控制衰减半径，无论自然还是都市氛围，都可以轻松“营造身临其境”的体验。

（4）视频资源插入。在需要的场景中还可进行视频资源插入播放，使场景达到更加真实的效果。

（5）锁定地理位置。将建模场景锁定到现实地理位置中，通过设定时间控制，可以反映真实太阳角度，呈现天气变化场景。

8. 三维动画输出

“动画录制”提供了多轨录制方式等功能，在清晰度方面也提供了

“25FPS、30FPS、60FPS（Frames Per Second 每秒刷新帧数）”多种选择。由于是物理引擎，录制10s动画输出仅需1min左右，节约了时间。可轻松实时输出效果图、三维动画、三维分屏动画、全景动画等，支持4K精度。Mars提供“汇报模式”，实时渲染无须输出，可以任意角度观看，助力全方位立体汇报。

附录C　Mars教程索引

1. 企业专属云—— 一个实现多专业协同设计的平台（2018.7.18）

项目周期短、工期紧张、各专业设计信息交流不畅、项目各参与方沟通困难。设计师在项目方案设计阶段面临着越来越多的瓶颈。如何最大化地提高设计效率和更好地满足业主越来越苛刻的设计需求，成为了摆在每个设计师面前的难题。面对这样的建筑设计现状，光辉城市推出了Mars2018企业专属云功能。它开创性的让协同设计、优化设计、信息集成和共享成为现实，让设计师在设计过程中摆脱传统单一、分割式的操作模式，高效地提升了设计效率，还进一步为建筑企业、设计院等量身定制了一个私有、可管理的平台。可扫描右侧二维码阅读协同设计平台的详细内容。

2.“一键”专家模板（2018.7.31）

当在Mars中将建筑的材质和配景布置好后，为了选取出图的角度，先渲了一张图。显然，仅布置好场景，输出表达效果还是不够的。Mars的“实时反射、天空调节和后期滤镜”三大高级功能，能够帮助设计师呈现出惊艳的场景效果，但在实际操作过程中也面临学习周期长、操作难度较大的问题，这在无形中阻碍了设计师们随心所欲地使用，那么有没有更快速实现效果的方法呢？Mars已经加入了“专家模板”，可扫描此处二维码了解详情。

3. 用延时摄影式的动态表现取代单帧静态图（2017.11.21）

在建筑方案的表达中，设计师们的标配是采用单帧静态效果图，那么有没有比这个更加生动且比做动画简易方便的办法呢？在 Mars 里通过“时间控制”和“视频录制”两个功能相互结合一下就可以做出延时摄影式的效果。既能够展现建筑方案在不同时间角度的面貌，还可以表达出建筑空间的光影变化，最关键的是速度快，10s 的短动画用“1 分多钟”就能输出。可扫描右侧二维码了解详情。

4. 建筑不同表现风格的切换（2018.1.16）

“美颜滤镜”广受喜爱是有原因的，“一键”切换不同的表现风格便可以非常轻松地展示出不同的光影、色调、氛围和特效。为建筑方案切换不同表现风格，像换相机滤镜一样轻松，请扫描右侧二维码了解 Mars 如何设置和储存不同表现风格模板。

5. 室内外常用材质参数调节（2018.4.8）

以下二维码连接的文章从“布置灯光”“调节材质”“室外材质通用参数”三方面详细展示 Mars 的材质调节功能，为建筑师、景观设计师、灯光设计师等提供方案表达的手段。

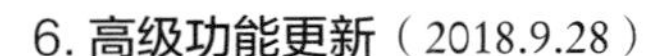

6. 高级功能更新（2018.9.28）

2018 年 9 月，Mars 新版本更新后，可以让设计实现“边边角角”都“自带解说”。在 PC 端也能直接对空间尺度进行测量，视频合并功能直接“合并”输出无需剪辑，输出不同比例的效果图也能实现“所见即所得”。同时也推出了让项目更安全、让用户更安心的 mpx 加密功能，以及实现更多“真实”环境效果的雾参数调节功能。可扫描右侧二维码了解详情。

7. 园林景观设计（2018.9.19）

大片背景树林，用笔刷一刷就可轻松搞定。

多种植物混合搭配，用鼠标一点就可瞬间完成。

植物支持四季变化，天气变化也不在话下。

丰富的景观材质和景观物品资源。

不仅有动态效果，还能支持资源定制。

主流植物资料全收集，还可直接查看植物信息档案。

可扫描右侧二维码了解详情。

8. 建筑场景的植物组合形式（2018.2.6）

马斯常常自诩，自家植物资源丰富，数量已经多达1300多种。有设计师小伙伴反馈眼花缭乱无从下手，询问一些常用美观的植物效果如何选取出来呢？其实Mars自带植物档案功能，包括植物的产地、习性、观赏特性等信息，方便设计师们更好地进行搭配和设计。点击植物界面的“信息”按钮，屏幕左上角就会出现该植物的档案信息。扫描右侧二维码，可查看几种常见的植物组合和几个用Mars做植物搭配的小技巧。

9. BIM成果可视化（2018.11.8）

BIM技术实现了设计阶段的协同，以及施工阶段的建造全过程一体化。然而却无法实现对建筑空间的直观展示和对施工现场的模拟。当BIM技术遇上VR，建筑信息化模型就可以在VR的世界中得以全面的展示。VR技术则很好地弥补了BIM技术这方面的弱势，实现了“1+1大于2”的技术结合。可扫描右侧二维码了解详情。

10. VR场景汇报展示（2018.11.15）

在项目汇报中，是否觉得单纯的效果图和视频动画还不足以真正打动人心，是否觉得简单二维信息无法完美表达出设计的真正价值，这时候就需要用 Mars 来一场 VR 体验了，设计师可以在未落成的项目中进行材质更改、配景布置，进行“设计、体验、交付”。可扫描右侧二维码了解详情。

参考文献

[1] 比尔・希利尔 . 空间是机器——建筑组构理论 [M]. 北京：中国建筑工业出版社 , 2008.

[2] Nacho Martin. VR 建筑：虚拟空间技术将成就下一个设计新突破［EB/OL］. 韩爽，译 .（2017-5-17）［2019-3-4］. https：//www.archdaily.cn/cn/871290/xu-ni-xian-shi-jian-zhu-wei-shi-yao-xia-ge-she-ji-tu-po-jiang-hui-zai-xu-ni-kong-jian. html.

[3] 何镜堂 . 建筑创作与建筑师素养 [J]. 建筑学报 , 2002（09）：16-18.

[4] 文钧雷，等 . 虚拟现实 +[M]. 北京：中信出版集团 , 2016.

[5] 托马斯・库恩 . 科学革命的结构 [M]. 金吾伦，胡新和，译 . 4 版 . 北京：北京大学出版社 , 2016.

[6] 李鸽 . 弗兰克・盖里的数字化建筑创作 [J]. 华中建筑 , 2007（01）：204-205.

[7] 勒・柯布西耶 . 走向新建筑 [M]. 杨至德，译 . 南京：江苏凤凰科学技术出版

社 , 2014.
[8] 翟振明 . 有无之间：虚拟实在的哲学探险 [M]. 北京：北京大学出版社 , 2007.
[9] 芦原义信 . 外部空间设计 [M]. 尹培桐，译 . 南京：江苏凤凰文艺出版社 , 2017.
[10] 张宇星 . 虚境：走向新建筑 [J]. 新建筑 , 2018（1）：10-15.
[11] Antoine Picon. Architecture and the virtual： towards a new materiality[J]. Praxis, 2004：114-121.
[12] 安托·彼康 . 建筑和虚拟：走向新物质性（1）[J]. 梁文，译 . 装饰 , 2011（4）：38-43.
[13] ［专访］VR 伦理先驱翟振明教授：弄不好 VR，我们都要下地狱 [EB/OL].（2016-12-06）［2019-3-4］https：//107cine.com/stream/85165/.
[14] 尹青 . 建筑设计构思与创意 [M]. 天津：天津大学出版社 , 2002.
[15] 曾坚，邹德侬 . 论布正伟建筑师的创作理论体系“自在论”[J]. 建筑学报 , 1996（07）：43-45.
[16] 赵伟峰 , 张伶伶 . 建筑创作过程与信息收集 [J]. 建筑学报 , 2007（03）：84-85.
[17] S·阿瑞提 . 创造的秘密 [M]. 钱岗南，译 . 沈阳：辽宁人民出版社 , 1987.
[18] 李飚 . 算法 , 让数字设计回归本原 [J]. 建筑学报 , 2017（05）：1-5.
[19] 汪正章 . “建筑创作学”的理论架构 [J]. 建筑学报 , 2002（10）：18-21.
[20] 吴良镛 . “抽象继承”与“迁想妙得”——历史地段的保护、发展与新建筑创作 [J]. 建筑学报 , 1993（10）：21-24.
[21] 杨宇振 . 从概念草图到计算机建模 [J]. 新建筑 , 2001（5）：70-74.
[22] 秦佑国 , 周榕 . 建筑信息中介系统与设计范式的演变 [J]. 建筑学报 , 2001（06）：28-31.
[23] 伦佐·皮亚诺 . 我的建筑观 [J]. 孙晨光，译 . 世界建筑 , 2012（07）：25-29.
[24] 程泰宁 . 构建“形”“意”“理”合一的中国建筑哲学体系 [J]. 探索与争鸣 , 2016（02）：16-18.
[25] 张锦秋 . 传统建筑的空间艺术——传统空间意识与空间美 [J]. 中国园林 , 2018（01）：13-19.
[26] 布正伟 . 严谨　多姿　本土新风——从彭一刚教授《创意与表现》一书论其

建筑创作 [J]. 建筑学报 , 1995（10）：56-59.
[27] 罗丹 , 徐卫国 . 虚拟现实与建筑实践 [J]. 建筑技艺 , 2017（09）：75-77.
[28] 赵红斌 . 典型建筑创作过程模式归纳及改进研究 [D]. 西安建筑科技大学 , 2010.
[29] 李鹏宇 . 建筑创作方法谈 [J]. 中外建筑 , 1999（02）：12-13.
[30] 何克抗 . 创造性思维理论——DC 模型的建构与论证 [M]. 北京：北京师范大学出版社 , 2000.
[31] 张庆余，曾庆淼 . 论建筑创作整合思维方法及其应用 [J]. 湖南大学学报（社会科学版）, 2004（18）：108-112.
[32] 高亦兰，王海 . 人性化建筑外部空间的创造 [J]. 华中建筑 , 1999（01）：101-104.
[33] 何镜堂 . 建筑创作要体现地域性、文化性、时代性 [J]. 建筑学报 , 1996（03）：10.
[34] 克里斯多夫・霍舍尔 , 徐蜀辰 . 人本视角的范式转变与挑战　新时代下的空间感知、行为与设计 [J]. 时代建筑 , 2017（05）：60-63.
[35] 蒂姆・斯通纳 , 徐蜀辰 . 人本视角的新“建筑与城市科学”[J]. 时代建筑 , 2017（05）：63-66.
[36] 赫伯特 . A. 西蒙 . 人工科学 [M]. 北京：商务印书馆 , 1987.
[37] 贺勇 . 界面的消解——建筑创作中的一种手法初探 [J]. 建筑学报 , 2003（10）：40-42.
[38] 黄勇，张伶伶，徐洪澎 . 建筑创造性思维的向度 [J]. 建筑师 , 2004（06）：58-63.
[39] 李麟学，知识・话语・范式　能量与热力学建筑的历史图景及当代前沿 [J]. 时代建筑，2015（02）：10-15.
[40] 张伶伶 , 赵伟峰 , 李光皓 . 关注过程　学会思考 [J]. 新建筑 , 2007，6（36）：25-27.
[41] 刘延勃，等 . 哲学辞典 [M]. 长春：吉林人民出版社 , 1983.
[42] 朱晓琳 , 夏海山 . 从虚拟建造谈 VR 与建筑教育——北京交通大学建筑与艺术学院访谈实录 [J]. 建筑技艺 , 2017（09）：94-96.
[43] 吴良镛 . 建筑文化与地区建筑学 [J]. 华中建筑 , 1997（02）：13-17.
[44] 何镜堂 . 岭南建筑创作思想——60 年回顾与展望 [J]. 建筑学报 , 2009（10）：

39-41.
[45] 鲍家声 . 建筑学科面临的挑战 [J]. 建筑学报 , 1993（02）：7-9.
[46] 郭文强 . 基于“BIM+VR”的数字建筑设计研究[J]. 住宅与房地产 , 2017（06）：80-81.
[47] 赵颖 . 自然导向的 VR 内容应用设计方法研究 [D]. 江南大学，2016.
[48] 有方 . 建筑师在做什么（第二辑）[M]. 上海：同济大学出版社 , 2018.
[49] 吴良镛 . 世界之交的凝思：建筑学的未来 [M]. 北京：清华大学出版社 , 1999.
[50] 李先逵 . 建筑文化与创作 [J]. 建筑学报 , 1999（10）：12-15.
[51] 袁烽 . 数字化建造——新方法论驱动下的范式转化 [J]. 时代建筑 , 2012（02）：74-79.
[52] 田松 . 何以知其然也——上帝视角与相对主义 [J]. 科学与社会 , 2015（04）：62-69.
[53] 王一涵 , 刘松茯 . 当代西方建筑空间形态创作的视像转译研究 [J]. 建筑学报 , 2016（S1）：65-70.
[54] 豪尔赫·路易斯·博尔赫斯 . 阿莱夫 [M]. 王永年，译 . 杭州：浙江文艺出版社 , 2008.
[55] 宁海林 , 马明杰 . 阿恩海姆的建筑空间观 [J]. 城市问题 , 2006（03）：86-88.
[56] 布正伟 . 自在表现论——在各流派之间延伸的创作之路 [J]. 新建筑 , 1988（04）：23-32.
[57] 潘谷西，李海清，单踊 . 现实主义建筑创作路线的典范——杨廷宝建筑创作思想探讨 [J]. 新建筑 , 2001（06）：1-4.
[58] 唐孝祥 , 谢凌峰 . 试论莫伯治新表现主义建筑创作探索的美学追求 [J]. 新建筑 , 2018（02）：80-83.
[59] 詹姆斯·克里斯蒂安 . 像哲学家一样思考 [M]. 赫忠慧，译 . 北京：北京大学出版社 , 2015.
[60] 王方戟 , 肖潇 . 阿尔瓦罗·西扎建筑设计的三个特征 [J]. 建筑学报 , 2015（12）：28-31.
[61] 希尔德·希南，格温多林·莱特 . 权力、差异、具身化　演变中的范式和关注点 [J]. 毕敬媛，王正丰，译 . 时代建筑，2015（03）：120-124.
[62] 宋晓宇 . 虚拟现实技术在建筑设计和教育领域的应用初探 [J]. 建筑技艺 ,

2017（09）：90-93.

[63] 杰伦·拉尼尔 . 虚拟现实 [M]. 赛迪研究院专家组，译 . 北京：中信出版社 , 2018.

[64] Mitchell William J. City of bits[J]. DC Copyright© 2002 Taub Urban Research, 1997.

[65] 何镜堂，蒋涛 . 数字城市与建筑学的发展 [J]. 华南理工大学学报（自然科学版）, 2002，30（10）：1-6.

[66] 李苏旻 . 虚拟现实技术在建筑与城市规划中的应用研究 [D]. 长沙理工大学 , 2008.

[67] 数据公园 . VR 技术——建筑行业新时代风口 [EB/OL].（2016-06-12）［2019-03-04］http：//www.vrzy.com/vr/42765.html.

[68] 朱锦辉 . VR 在建筑装饰设计领域的应用 [J]. 现代装饰（理论）, 2017（2）：286-287.

[69] 凯文·凯利 . 科技想要什么 [M]. 熊祥，译 . 北京：中信出版社 , 2011.

致谢

在一年多的写作历程中，宋晓宇先生与我多次交谈与沟通，他对 VR 建筑学的有趣的洞见与对建筑行业的深刻理解每每启发着我的灵感，我们希冀通过出版本书传递关于 VR 技术与建筑学所相关的思想与观点，期待理论研究、行业与教育实践能够继续开枝散叶。在此特别感谢我的先生潘鉴博士，在建筑学理论研究的过程中提出了宝贵的建议，他在纵观建筑学理论发展深度与广度的基础上，提出了 VR 空间认知等核心观点，我们多次激烈讨论最终确定了本书的书名，并持续不断地支持着我完成书稿的撰写。

感谢百忙之中接受采访的设计师嘉宾上海都设营造建筑设计事务所有

限公司的总建筑师凌克戈、上海日清建筑设计有限公司的副总建筑师任治国、某设计院船舶内装研究中心建筑室副主任卢寅，他们对 VR 的深刻见解无不丰富着本书的内容。感谢撰稿人龙涛江为本书提供了“Mars 助战十天院落改造设计”一文。

感谢光辉城市（重庆）科技有限公司教育事业部的首席运营官龚承晋先生，在 VR 建筑学的教育领域提供了理论研究成果与校企合作实践等相关资料。感谢慧卿，她在本书写作过程中持续不断地更新着教育事业部在全国高校中进行实践活动的资料与数据。教育事业部团队是“VR+Mars”平台的积极“布道者”，用实际行动践行着 VR 技术在建筑学专业中的发展与推广，感谢团队中每一位成员的支持与分享。

感谢“光辉城市”公司徐杨。近几年来，他奔波在全国各大设计院跟进项目进程时，积累了较多的使用 VR 或 Mars 的精彩案例，为本书的撰写提供了翔实的第一手资料，实践案例的真实故事启迪着我对理论的探究。他在培训企业设计人员运用 VR 和 Mars 时，也收集了很多有趣的故事分享给我，案例与故事都已融入了本书中“致建筑师的 VR 备忘”的各个章节中。

感谢“光辉城市”公司徐超，他是本书“Mars 助力设计师建设美丽乡村”一文的撰稿人，他富有创建地设想了书中“光辉城市 VR+ 建筑学教育”部分的内容。感谢肖飞亚，他提供了 Mars 和 VR 在设计院中使用情况的资料和数据，为本书主要观点的提出奠定了基础。感谢潘胜，他选取了很多精美的图片，用在了书中各个章节中，且完成了全书的图片校对与替换工作。感谢吴少聪，他为本书截取了精彩的图片；在本书大纲框架体系确定的过程中，他从读者的视角提出了针对性的建议。感谢赵家玄，分享了 VR 运用实践中的有趣的案例。感谢冯梦娇，她做了本书的校对与完善工作。

感谢“光辉城市”公司CTO朱一婷及其团队，他们是Mars平台开发、更新与迭代的技术实践者。他们花了大量的时间研发Mars平台，让其对接VR为设计师提供更好的体验，为本书的成稿源源不断地更新着数据。感谢“光辉城市”公司的全体成员，是你们挥洒青春与汗水不断地努力奋斗践行着实现“VR改变建筑行业”的梦想。

颜勤

2019年4月于重庆